ThePMJournal

POVESTEA UNUI STARTUP

Leadership prin Experimentare

Anul tipăririi: 2017

ISBN: 978-973-0-22000-1

ThePMJournal
www.thepmjournal.com

Cuprins

Dedicație

Pentru foștii mei colegi. Voi ați fost sursa mea de inspirație și suport în timpul petrecut în F-Startup. Sunt recunoscător pentru ajutorul vostru, sunt recunoscător că v-am cunoscut!

De asemenea, dedic această carte tuturor Product Managerilor, Project Managerilor precum și tuturor celor care vor urma calea antreprenorialului.

Mulțumiri

Către foștii mei prieteni și colegi,

Am considerat important să păstrez în acest jurnal amintirea vie a evenimentelor trăite în primul nostru startup, pentru ca și alții să beneficieze de pe urma experienței noastre. Anumite întâmplări le-am ținut ascunse față de voi pe perioada cât am lucrat în F-Startup, din motive profesionale, însă acum mă simt îndatorat să le scot la lumină. Puteți considera acest jurnal confesiunea mea față de voi și sper că după ce veți citi povestea, veți înțelege mai bine ce a mers prost și de ce.

Mulți v-ați alăturat startup-ului pentru că ați crezut în mine. În momentul în care compania a dat faliment, m-am considerat responsabil pentru eșecul colectiv. Totuși cred că eforturile noastre nu au fost în van, deoarece am câștigat cu toții o lecție valoroasă de viață și o prietenie frumoasă.

În final pot spune doar atât: vă urez succes în încercările voastre viitoare!

Despre carte

Povestea unui Startup este în esență un jurnal. Jurnalul conține o serie de povestiri (experiențe, dialoguri, note de subsol) din viața de zi cu zi a unui Product Manager înregistrate pe parcursul a peste un an și jumătate, de la începutul și până la sfârșitul unei companii IT, un startup (**F-Startup**).

Numele real al companiei și al persoanelor implicate vor rămâne anonime. **F-Startup** este doar un nume de cod pentru companie. Litera „F" a fost aleasă pentru că este inițiala brandului, dar și pentru că este o aluzie la deznodământul poveștii (n.a. F vine de la Failure în engleză).

F-Startup a fost o companie de R&D cu rădăcini într-un grup de companii (un holding) care oferea consultanță și management IT companiilor de gaz și petrol, parte al unui trust din nord-centrul Asiei. Acest holding fusese înființat prin externalizarea serviciilor IT ai companiei de petrol, iar beneficiarii direcți și proprietarii holdingului erau chiar o parte din directorii executivi ai companiei de petrol care gestionau regiunea din sud-estul Europei.

După ce acționarii holdingului și-au pierdut funcțiile de conducere în compania de petrol, din cauza unor schimbări politice în țara lor de origine, plățile către compania holding au fost oprite de către noii lideri ai companiei de petrol și ca urmare compania holding a dat faliment. Foștii directori executivi ai companiei de petrol au decis însă să investească în continuare F-Startup din resurse proprii.

Având mai multă presiune pe buget și pe rezultate imediate din partea acționarilor, managementul **F-Startup** a devenit „reactiv" și „haotic" (n.a. reactiv în acest context se referă în special la amânarea deciziilor în lipsa unor șabloane, care pot fi aplicate unor situații cunoscute, neasumarea riscurilor și a responsabilităților în situații necunoscute sau incerte). Pentru prima oară în viața mea, am avut ocazia să aflu cât de distructiv poate fi managementul de tip „reactiv" mai ales într-un startup. În ciuda haosului creat de pierderea sponsorului principal, **F-Startup** a început să aibă primele rezultate: lansarea unei platforme digitale precum și pornirea discuțiilor pentru noi parteneriate de afaceri cu câțiva retaileri mari de pe piață.

Când lucrurile păreau să se calmeze, directorul general al **F-Startup** a decis să angajeze așa numiții **„Experți"** în Marketing și Vânzări (vezi capitolul **„Cine sunt Experții?"**), cu scopul de a vinde și a promova platforma noastră digitală. În loc să aducă mai multă valoare organizației, **Experții** ne-au băgat compania într-o criză mai adâncă. Apoi, lucrurile au luat-o razna, totul culminând cu încetarea operațiunilor în **F-Startup**. Sfârșit!

În ciuda călătoriei dramatice, drumul dintre început și eșec au fost pentru mine o oportunitate să înțeleg provocările pe care le au startup-urile în zilele noastre. Jurnalul inițial, păstrat pentru a ține evidența activităților mele zilnice a fost gradual transformat într-un manual de autoeducare și o colecție de lecții practice de management operațional. Obiectivul final al acestei cărți este să evidențiez unele aspecte teoretice și practice ale managementului aplicat. Lecția finală a acestei cărți prezintă conceptul **Management prin**

Experimentare sau „Leadership prin Experimentare" (în engle-ză **Lead by Experimenting**), o invitație pentru fiecare cititor să descopere propriul mod de a conduce și de a gestiona situații noi.

Începutul

[Log personal. 1 Noiembrie 2011]

Sunt proaspăt angajat ca Enterprise Product Manager într-o companie care oferă servicii de consultanță IT unui grup de companii petroliere din Asia centrala. Până acum o lună lucrasem într-o companie de software și eram convins că o să ies la pensie de acolo, asta până într-o bună zi când mi s-a propus să lucrez pentru niște petroliști. Nu mi-am imaginat vreodată că oamenii care extrag petrol din Pământ mai au nevoie și de IT-iști. Cultura unei corporații petroliere nu diferă atât de mult de celelalte industrii, decât faptul că primii stau pe o pungă de bani, iar ceilalți doar visează la pungă.

De când m-am angajat am început să beau nefiresc de multă cafea; cel puțin o jumătate de litru la primele ore ale dimineții. Cafeaua pare că unește oamenii, unește sufletele într-un cerc magic, vicios și plăcut în același timp. Majoritatea timpului îl petrec prin birou aranjându-mi lucrurile sau lipind postere motivaționale pe pereți. Până acum am reușit să capitonez toți pereții biroului meu, aproximativ 30 metri pătrați, cu imagini și moto-uri celebre captând astfel atenția întregii firme. De la fereastra biroului am o vedere superbă asupra parcului din vecinătate și a rondului cu flori unde întoarce tramvaiul 41 cu scârțâit strident de roți. Pe tablă îmi notez idei mărețe: *Provocare, Viziune, Oameni.* Este primul job care îmi dă șansa de a visa cu ochii deschiși.

Sunt câțiva tipi din companie care se holbează mereu când trec prin fața biroul meu de sticlă. Probabil se întreabă: *Cine sunt și ce naiba caut eu aici?* Sincer să fiu, nici eu nu știu sigur. Investitorii care m-au angajat mi-au spus că va trebui să fac de toate pentru a pune pe picioare o nouă companie IT. Rolul meu s-ar putea rezuma în felul următor: găsește noi oportunități de monetizare ale soluțiilor IT.

Așadar, iată-mă jucând rolul vieții mele, în încercarea de a cuceri lumea prin idei noi într-o companie tânără și ambițioasă. Spre plăcuta mea surpriză, propunerile mele inițiale prezentate în fața comitetului executiv au fost bine primite, chiar dacă unele erau total desprinse de realitate. CEO-ul mi-a spus:

— *Nu îți dai seama ce oportunitate ai... Presa așteaptă luni de zile să intre în biroul acționarilor, iar tu ai acces la ei în fiecare zi...*

Ei bine, această asigurare mi-a întins aripile. (Motivul pentru care devenisem brusc un angajat „rock star" nu se datora faptului că eram un geniu în IT, ci pentru că eram înfometat de idei noi și dornic să mă exprim prin creație. La slujbele anterioare, deși lucrasem în companii mari de R&D, unde inovația făcea parte din fișa postului, nu am avut niciodată șansa să îmi folosesc toate calitățile la potențialul lor maxim. Acum, fără constrângeri, toate ideile mele prindeau viață.)

În Noiembrie 2011 și în lunile ce au urmat, împreună cu un grup entuziast de oameni, dintre care doi investitori și doi directori ai companiei holding, am pus bazele unei noi companii noi de IT, numită **F-Startup.** Acesta marchează începutul călătoriei mele în acest startup.

Modelul nostru de Business

[Log personal. 10 Februarie 2012]

Manifestul acționarilor noștri este simplu:

— *Vrem să devenim bogați, luând puțin de la mulți...*

Întotdeauna mi-am dorit să fac produse care să inspire oamenii, dar niciodată nu am urmărit să mă îmbogățesc. În **F-Startup**, singurul obiectiv a fost ca să obținem profit cu orice mijloc. Istoric vorbind acest tip de abordarea s-a dovedit greșit în cele mai multe cazuri. Majoritatea companiilor care au avut succes de-a lungul vremii și-au stabilit ca obiectiv primar să scoată mai întâi produse excepționale și apoi să se îmbogățească, însă nicidecum invers.

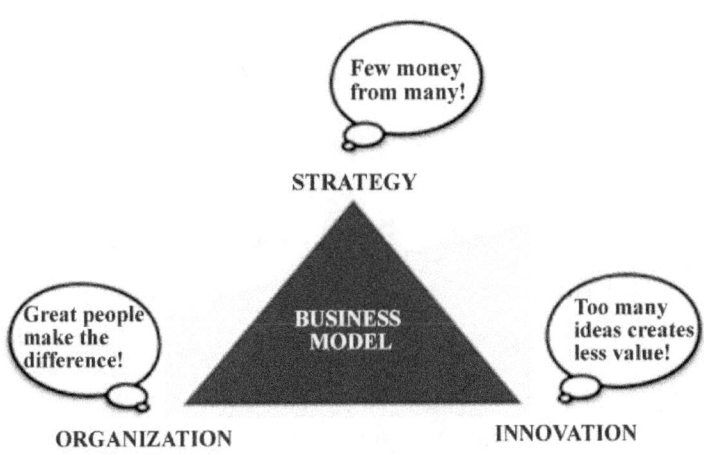

În căutarea acelor produse miraculoase care ne pot face și bogați și faimoși, am analizat mai multe aplicații software de nișă. (n.a. domeniile puțin dezvoltate la acea vreme erau: localizare indoor, soluții de tip Enterprise pentru monitorizarea și gestiunea dispozitivelor la distanță, sănătate, rețele sociale, asigurări, etc. După câteva luni de căutări și scotociri prin sertarele minții, am ales împreună cu liderii **F-Startup** câteva idei câștigătoare. Pe baza acelor idei, am creat concepte de produs și un plan de dezvoltare pentru trei ani. Deoarece multe din produse aveau **Break-Even**-ul abia peste trei ani, altele poate niciodată, a trebuit să prioritizăm proiectele în funcție de timpul cel mai mic de lansare pe piață.)

Deși produsele noastre aveau un **Return of Investment** (ROI) care să satisfacă orice om lacom, acționarii noștri au zis: *Nu! Noi vrem mai mult. Vrem să ne îmbogățim repede, cu investiții minime.* Părea nebunesc! Cum poți să te îmbogățești repede, fără să investești mulți bani? Inevitabil m-am întrebat: Oare oamenii ăstia sunt cu capul în nori sau incredibil de hoți? Și în mintea mea, pentru prima oară, a apărut dilema: Să stau sau să fug?

După ce am rumegat eu îndelung asupra situației, mi-am dat seama că singurele afaceri prin care ne puteam îmbogăți repede cu minim de investiții sunt afacerile de tip piramidă (similar cu MLM-urile, **Multi-Level Marketing**). Nu am crezut niciodată în astfel de modele, întrucât implică înșelătorii și de aceea am propus acționarilor o altfel de abordare. După îndelungi negocieri cu acționarii, cu toții am ajuns la concluzia că vom construi într-adevăr o afacere de tip piramidă, însă nu orice fel de piramidă, ci una sub umbrela unei rețele de socializare. Conceptul nostru ar fi trebuit să schimbe percepția asupra modelelor de tip piramidă și asupra rețelelor de socializare. Pentru cine lucrează în rețele de tip MLM, ceea ce urma să facem era o contradicție în termeni: o rețea socială unde toți oamenii sunt egali, dar în același timp oricine putea ajunge în vârf (într-un MLM, în vârf sunt doar cei bogați) totul depinzând de cheltuielile fiecăruia și de activitatea socială pe care o avea. Încă de la început, ne-am dat seama că ceea ce urmează să facem va fi ori ceva colosal, ori vreun rahat „zburător".

Iată care este ideea principală: eu, un consumator care cumpără de la partenerii F-Startup primește un beneficiu dublu (în locul unui discount clasic): cash back în contul meu și bani care sunt distribuiți în rețeaua mea de prieteni. Relația este reciprocă: asta înseamnă de asemenea, că de fiecare dată când prietenii mei cumpără și eu primesc un beneficiu. Pentru fiecare operație, **F-Startup** primește un comision mic, ca Operator.

Exemplu. Figura de mai jos mă reprezintă pe mine, un consumator. De fiecare dată când cumpăr în rețea, conexiunile mele (peers) primesc un beneficiu.

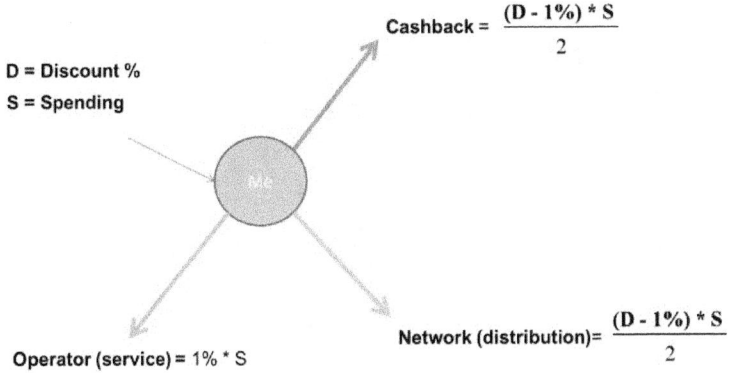

$$Cashback = \frac{(D - 1\%) * S}{2}$$

D = Discount %
S = Spending

$$Network\ (distribution) = \frac{(D - 1\%) * S}{2}$$

Operator (service) = 1% * S

Întrebarea e: cât este de profitabil pentru mine un consumator să invit pe cineva nou (un prieten, o cunoștință) în rețeaua mea, în așa fel încât să îmi maximizez profitul? Hai să facem un calcul simplu. Considerând că sunt un nod cu N-relații, având o distribuție egală a beneficiului către legăturile mele, profitul potențial de a adăuga un nou nod în rețeaua mea este:

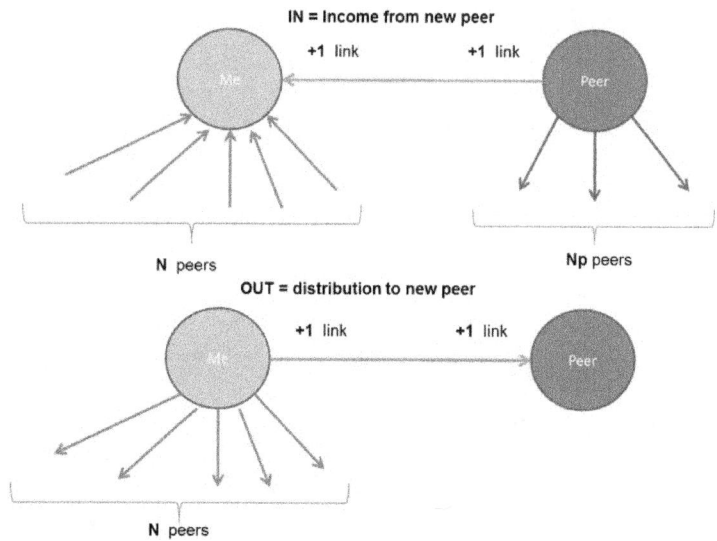

- $IN = \dfrac{D-1}{4} * \dfrac{Sp}{Np+1}$
- $OUT = \dfrac{D-1}{4} * \dfrac{S}{N+1}$
- Potential $= P = IN - OUT = \dfrac{D-1}{4} * \left(\dfrac{Sp}{Np+1} - \dfrac{S}{N+1}\right)$
- $P(N, Np, S, Sp, D) = max?$

Where:
S=my spending, N=my no. of links
Sp=Peer's spending, Np=Peer's no. of links

Notația este în engleză, pentru simplificarea convenţiilor. În exemplul de mai sus, am considerat cea mai simplă topologie a reţelei: un nod are N-noduri pereche, IN = ce primesc, OUT = ce dau. Ca să aflăm soluția profitului maxim, am simulat un algoritm de tip **Monte Carlo**, astfel obținând care e cea mai bună combinaţie de discount-uri, ponderi de distribuţii de beneficii. Calculele nu vor face parte din conţinutul acestei cărţi datorită anvergurii lor, dar se poate demonstra matematic cum poate evolua reţeaua de socializare în timp (aici pot fi diferite forme: unele subreţele pot arăta ca o piramidă, altele ca o reţea de tip fagure, altele ca un lanţ trofic, etc), considerând următorii factori naturali: fiecare utilizator (nod al reţelei) poate să aleagă oricând orice noduri noi (adică oamenii pot alege cine le e prieten şi cine nu, exact ca pe Facebook), oamenii se împrieteni pe baza afinităţilor social-economice (în funcţie de cât câştigă, cât cheltuie, unde cheltuie), unii prieteni sunt „mai prieteni" cu unii decât cu alţii iar asta înseamnă că doar unii vor primi mai mult de la prietenii lor (în reţeaua noastră creasem un soi de prieten „special" căruia îi revenea un procent de beneficiu mai mare). Acest model poate fi „tunat" pentru a fi folosit în programe de loialitate B2C (grup de companii-grup de consumatori) sau programe B2B (nodurile pot fi grup de companii-grup de retailer).

Toate calculele arată că modelul de afaceri bazat pe „social shopping" este fezabil. Sunt atât de entuziasmat de muncă, încât am devenit absent din viaţa mea personală, faţă de copii, faţă de soţie, faţă de părinţi sau de prieteni. E posibil ca această neglijenţă să mă coste scump mai târziu.

[Notă post scriptum]

Nu am să uit niciodată serile acelea cețoase și reci de noiembrie, în care stăteam la geamul apartamentului meu de unde derulam în minte toate planurile pe care le dezbătusem în ședințe lungi. Nu o să uit niciodată acel miros de fum de la casele și furnalele din cartier care se simțeau în aerul serii în timp ce visam la cea mai mare piramidă umană, în care toți oamenii sunt egali. Înainte de a pune capul pe pernă, prin întuneric, încă scriam emailuri cu ultimele idei care îmi treceau prin minte.

Gândindu-mă retrospectiv la această perioadă, pot spune că a fost una dintre cele mai romantice perioade din cariera mea. Când mergeam pe stradă, simulam modele matematice, când mâncam, mestecam idei. Însă după cum aveam să mă conving mai târziu, pentru a reuși într-un startup e nevoie nu numai de idei excepționale, ci și de punerea lor în aplicare de către oameni excepționali. Cu trecerea timpului era din ce în ce mai evident că nu avem oamenii potriviți pentru a pune în aplicare visul nostru.

O zi fatidică

[Log personal. 20 Februarie 2012]

Primesc un email de la acționari în care se arată îngrijorați de costurile mari ale startup-ului. Cu o dezinvoltură copilărească, mă apuc eu repede să răspund: *Nu vă îngrijorați, știu eu o metodă pentru a reduce costurile... există o lege care ne scutește de 16% taxe, dacă îndeplinim anumite condiții...*

În nici un minut de când trimit emailul, CEO-ul holdingului, vine la mine scoțând fum.

— *Dacă mai trimiți un astfel de email acționarilor, te ia mama dracului! Îți dau un șut un fund de zbori în stradă...* (Pe moment, am simțit la propriu un șut direct în fund. Nu credeam că avem „fotbaliști" în firmă.)

— *Păi, stai așa, cum, de ce? Ce am făcut? Eu vreau să îi ajut să scadă bugetul cu 16%...*

CEO-ul se apucă de răcnit la mine de vuia întreaga firmă. Toată lumea stătea acum cu urechile ciulite la biroul meu. Pot spune că rar mi-a fost dat să trăiesc o asemenea umilință, iar pe moment am fost atât de șocat de reacția CEO-ului încât am rămas fără replică.

— *Nu e treaba ta reducerea de buget. Ce nu înțelegi? Ți-am spus că sunt lucruri în firmă pe care nu le cunoști...*

(La opt luni de la acest incident aveam să le aflu motivele pentru care CEO-ul holdingului nu lăsa pe nimeni să vină cu tăieri de buget: erau zvonuri cum că el direcționa o parte din banii firmei către firme terțe în care era și el beneficiar, iar tăierea bugetului ar fi însemnat mai puțini bani pentru cele firme. Tocmai datorită acelor contracte neperformante cu terți, atunci când s-a schimbat conducerea companiei de petrol, primul lucru pe care l-au făcut cei din noua conducere a fost să rupă parteneriatul cu noi. Apoi, a urmat un scandal mare între acționarii și directorii companiei, totul culminând cu concedierea tuturor și încetarea activității holdingului nostru).

— *Dacă nu vrei ca acționarii să ia în considerare ideea mea, atunci le spui că propunerea nu se poate pune în practică. Ce e atât de greu?*

— *Tu nu înțelegi că ăștia or să mă pună să investighez propunerea ta și or să mă pună să fac tot posibilul să scap de 16%? Ce naiba!? Tu în loc să te bucuri că ai 16% în plus, tu vrei să îți taie bugetul?* (n.a. scăderea pe care o propusesem eu, nu însemna o mărire a bugetului cu 16%, ci mai puține taxe la stat pentru aceleași salarii).

— *Ok, le dau email și le spun că în urma unei analize mai amănunțite tăierea de buget propusă anterior nu este fezabilă.*

— *Am o altă idee. Nu îi vom lăsa să primească emailul de la tine. Vino cu mine, până nu e prea târziu...*

Am început să alergăm disperați pe holuri către departamentul de infrastructură și rețelistică.

— *Vrem să ștergem un email trimis către acționari, înainte ca aceștia să apuce să îl citească.*

(Politica companiei nu permitea niciunui angajat să acceseze sau să modifice conținutul emailurilor acționarilor decât cu acordul acestora, de aceea singura soluție era să șteargă emailul direct de pe serverul de email).

— *Am șters emailul de pe server, dar o parte din destinatari au primit mesajul... nu pot îi împiedic să vadă emailul și nici nu pot sa retrag mesajul. Ce facem acum?*

— *Lasă-le așa, să sperăm că nu o să îl citească... Uită-te și tu în ce rahat mă bagi!* mi se adresă CEO-ul.

Am rămas îngândurat. Pe de o parte mă simțeam vinovat, pe de altă parte fierbeam de furie. Colac peste pupăză mai primesc și un telefon de la COO-ul **F-Startup** care mă îmbărbătă în stilul lui caracteristic:

— *Las' că bine ți-a făcut... De ce te bagi unde nu-ți fierbe oala?*

Cu greu m-am abținut să nu demisionez.

[Log personal suplimentar. 21 Februarie, 2012]

A doua zi, CEO-ul m-a chemat în biroul lui să ne împăcăm. Iată-ne pe amândoi la aceeași masă:

— *Îmi pare rău, că am ridicat tonul!* își ceru scuze CEO-ul.

— *Glumești? După ce m-ai umilit în fața tuturor? Dacă consideri că am greșit, mă poți avertiza în scris, îmi scazi din salariu, mă dai afară, dar nu țipi la mine ca la ușa cortului. Sincer sunt dezamăgit. Ieri am fost la un pas ieri să îmi dau demisia.*

— *Ai dreptate. Dar trebuie să mă înțelegi... nu m-am putut stăpâni... Mai ții minte când te învățam eu de termeni precum: EBITDA, EBIT, etc? Acum însă tu vii la mine să îmi dai lecții de cum se taie bugetul?*

11:00 AM. În final mă împac cu „**CEO-ul Fotbalist**" și mă întorc la birou. Sunt îngândurat. Pe fereastră se zărește priveliștea minunată a rondului cu flori din intersecție, parcul din depărtare, panorama orașului, cerul senin. Ce zi frumoasă îmi zic... nici o adiere de vânt, totul este perfect într-o stare de acalmie totală. Și totuși mă simt mizerabil.

(După acest incident, nu am mai vorbit cu CEO-ul holdingului niciodată, deoarece **F-Startup**, compania subsidiară în care mi-am continuat munca, angajase un alt CEO și își schimbase sediul).

Citește mai departe povestea unui: **Workshop de brand**.

Un workshop de Brand

[Log personal. 22 Martie 2012]

Atunci când definim filozofia unui **Brand**, ceea ce ar trebui să ne inspire pe noi, creatorii de imagine, ar trebui să aibă ceva din celebrul discurs *I have a dream* a lui Martin Luther King. Cam așa poate să sune o filozofie de Brand: *Am un vis în imagini color, despre viață și despre oameni. Visul meu, e viziunea noastră despre viitor, despre o lume mai bună. Acest vis, această viziune ne va modela realitatea și ne va schimba viața.* Brandul poate fi definit ca o filozofie **unică** și **unitară** la nivel de organizație care leagă visele oamenilor de realitate, prezentul de viitor.

Pentru a crea identitatea de brand, majoritatea companiilor apelează la companii „specializate" de branding. Oricine poate „cumpăra" în ziua de azi filozofia de brand în schimbul unor sume de bani. Cum se realizează acest lucru? De obicei firma „creatoare" de brand organizează ateliere de lucru (en. workshop) în prezența acționarilor sau a reprezentanților companiei, care urmăresc înțelegerea valorilor, a filozofiei, a modelului de business și transpunerea acestor valori într-o imagine **unică** și **unitară** care reprezintă noua identitatea a companiei (brandul).

Pentru companiile care nu au încă definită o filozofie proprie, un set de valori organizaționale, creatorii de brand sunt nevoiți să propună ei clienților o filozofie „personalizată" de brand, plecând de la cunoașterea nevoilor firmei. În mod neintenționat, brandul noii companii va avea amprenta puternică a companiei care își vinde serviciile de brand. Această abordare de a „cumpăra" imagine, înainte de a avea definită o viziune sau o filozofie proprie despre afacerea companiei, de cele mai multe ori este neinspirată.

În grupul de companii din care făcea parte si F-Startup, nu a existat o altă filozofie de afacere în afară de *a face bani pe orice cale, repede, nu contează cum.* Neavând o filozofie proprie, creatorii noștri de brand au încercat să inventeze ei una pentru noi. Și iată ce a ieșit: când intri în sediul companiei mamă ai senzația că intri într-un mormânt. Te întâmpină un perete complet negru, cu un ochi galben pe centru și sub el numele companiei. Acel ochi, care pe mine mă duce cu gândul la ochiul Satanei, e în opinia specialiștilor de brand un *ochi de panteră, care privește din întuneric către lumină...întotdeauna căutând oportunități...simbolizează acei oameni agili și eficienți asemenea animalelor de pradă.*

Așadar ne-am schimbat pereții, ne-am schimbat numele companiei, ne-am schimbat cărțile de vizite, logo-urile, am primit niște lucruri drăguțe (pixuri inscripționate, agende, căni și tricouri), însă nu ne-am schimbat și mentalitatea. În continuare modelul nostru de afaceri a rămas același și noul brandul nu a putut schimba cu adevărat imaginea noastră pe piață.

Când acționarii au decis să creeze „brandul" companiei **F-Start-up**, s-au decis să apeleze tot la firma care făcuse branding-ul companiei mamă, ăla *cu pereți negri și cu ochiul de panteră...* Au urmat luni întregi de sesiuni de brainstorming: minți încrețite, multe idei, filozofii diferite și multe dureri de cap... Ne-am întâlnit cu câțiva experți ai companiei de branding. Le-am explicat ce face produsul nostru, modelul de business, apoi a urmat o lună de lucru, în care artiștii lor au lucrat la machete, logouri de brand și la alte materiale de prezentare.

Prima ședință de workshop a fost un eșec, pentru că nici una din imaginile de prezentare nu aveau legătură cu afacerea noastră. Artiștii s-au arătat foarte jigniți când le-am spus că *floarea aceea nu ne sugerează ideea de prietenie* sau că *doi oameni îmbrățișându-se nu ne sugerează ideea de grup*. După o altă săptămână ne întâlnim din nou, de data aceasta experții în branding mult mai pregătiți și entuziaști decât data trecută ne-au prezentat mai multe idei de unde să alegem...

— *Ce părere aveți?* ne-au întrebat ei mulțumiți, crezând că noile machete ne vor da pe spate.

— *Nu ne place nimic!* am răspuns mai mulți în cor.

După trei luni de discuții eram tot în punctul în care nu știam ce să alegem. CEO-ul, disperat că timpul trece și văzând că acționarii nu se pot hotărî asupra identității noastre, părea că ar fi acceptat orice variantă indiferent cât de proastă era. Acționarii evident nemulțumiți de ceea ce li se prezenta, mi-au cerut părerea: *Ce alegi?*

— *Dacă aș fi acționar, nu aș alege nimic!*

— *Ești stakeholder. Ce ai alege?*

— Nu am ce să aleg!

Instant am simțit privirea CEO-ului cum mă fulgera. (Răspunsul just la acea întrebare trebuia sa fie: *Dacă aș fi acționar, aș concedia firma de branding*).

— Atunci nici eu nu aleg nimic! concluzionă acționarul principal.

Și cu această replică, ședința s-a terminat. Reprezentanții companiei de branding și CEO-ul ar fi vrut să mă împuște pentru că sabotasem toate eforturile lor de a finaliza contractul de branding. Discuția i-a motivat tare pe creatorii de brand, pentru că ulterior aceștia au început să vină cu propuneri din ce în ce mai bune până când am găsit, în cele din urmă, un brand potrivit cerințelor noastre.

Din lecția de branding, am învățat următoarele lucruri:

- **Prea multe idei aduc puțină valoare și mai multă confuzie** (în ședințele de workshop ni se prezentau 10-15 idei total diferite, iar discuțiile pe tema lor deveneau interminabile; s-a ajuns la concluzia că maxim 2-3 idei sunt suficiente pentru a putea fi constructive; așadar, nu le da oamenilor prea multe idei, că nu știu ce să facă cu ele!)

- **Înainte de a alege Brandul, asigură-te că ți-ai stabilit o filozofie solidă și o strategie pe termen lung a companiei.**

- Compania creatoare de Brand trebuie să înțeleagă **consumatorii țintă** pe care tu îi reprezinți (de exemplu, firma care a creat brandul pentru **F-Startup**, era specializată pe branding de tip corporatist, însă nu avea suficientă experiență în crearea de branding dedicat consumatorilor finali, iar asta a influențat negativ designul produselor de tip *end-user* și toată compania de comunicare).

Urmează povestea: **Project Manager, a fi sau a nu fi?**

Project Manager: A fi sau a nu fi?

Înainte ca lucrurile să meargă prost în **F-Startup**, nu am realizat cât de importante sunt procesele organizatorice și implementarea bunelor practici definite în managementul de proiecte tradițional. Când **F-Startup** a început să aibă primele probleme financiare, au fost scoase la iveală toate problemele organizatorice. Din pricina lipsei implementării proceselor de management au apărut primele întârzieri ale livrabilelor, conflicte, lipsă de motivație a angajaților, costuri exagerate, oameni dați afară și alte efecte nedorite.

În sinea mea, am crezut că ceea ce ni se întâmplă este doar o consecință a problemelor financiare și nicidecum o urmare a neaplicării unui management „ca la carte". Văzusem cum în alte companii mari te poți abate de la reguli, cum teoria nu era aplicată în practică și crezusem că același lucru e valabil pentru orice tip de companie. Dar m-am înșelat: în startup-ul nostru, neaplicarea bunelor practici ne-a condus către un eșec lent și sigur.

Conflictele de interes

În **F-Startup**, CEO-ul avea rol de Sponsor al proiectului, dictând cum se aplică procesele de Project Management. Cu alte cuvinte Project Managerul era o simplă marionetă în mâna lui. Dacă

Sponsorul voia să schimbe priorităţile proiectului, atunci se schimbau, fără să consulte stakeholderii proiectului. Dacă CEO-ul voia să schimbe termenul de livrare, indiferent ce impact avea schimbarea, atunci îl schimba. Cu alte cuvinte Sponsorul dicta felul în care Project Managerul îşi făcea treaba. Acest lucru nu avea impact numai asupra muncii Project Manager-ului, dar şi a celor de la Sales, Marketing.

În perioada în care aveam funcţia de Product Manager, mai aveam şi alte atribuţii şi anume: Project Manager, Director de Dezvoltare, Designer, Arhitect Software, om bun la toate, aşa cum se practica de multe ori în companiile noastre şi în mod evident nu le făceam bine pe niciuna, decât atunci când îmi asumam doar un singur rol. I-am prezentat Sponsorului dilema în care mă aflu:

— *Direcţiile pe care mi le impuneţi contravin cu responsabilităţile mele. De exemplu: În calitate de Product Manager, am responsabilitatea de a lansa un produs vandabil, cu un obiectiv aprobat de acţionari, dar în acelaşi timp, dv. îmi schimbaţi scopul produsului fără aprobarea acţionarilor. De asemenea îmi impuneţi un deadline, neavând o susţinere de buget, suficienţi oameni sau angajamentul părţilor interesate cheie (n.a. key stakeholders). În calitate de Project Manager, am obligaţia să acţionez în interesul companiei, dar asta înseamnă să fiu în dezacord cu deciziile dv!*

Sponsorul, părând neafectat de toată pledoaria mea, mi-a spus sec:

— *Eu nu las procesele să îmi conducă compania. Nu îți convin regulile mele, atunci pleacă!*

Le-am povestit echipelor pe care le conduceam dilema în care mă aflu:

— *CEO-ul mă scoate din minți! Practic îmi impune modul de lucru dar nu își asumă rezultatele proaste pe care le avem. Ne îndreptăm către pieire și singurul lucru pe care mi-l spune este să îmi dau demisia...*

Colegii mei au rămas șocați.

— *Frate, păi care e rolul tău în toată poveste asta? Tu nu poți să iei atitudine? Du-te și vorbește direct cu acționarii... în calitate de Product Manager ai acces direct la ei.*

— *Dacă fac asta, va însemna să declar război CEO-ului și găștii lui de* **Experți** *de la Sales și Marketing. Și așa că mă urăsc de moarte... Dau vina pe mine pentru incompetența lor de a vinde și a promova produsul.*

— *Eu zic să îi înfrunți!* mă încurajă un coleg. *Noi suntem de partea ta. Dacă e nevoie venim cu tine și le ținem piept în ședință. Nu avem nimic de pierdut... și așa că suntem cu un picior în groapă!*

A fi sau a nu fi PM

După mai multe lupte de idei și cu ajutorul câtorva programatori am reușit îl conving pe CEO de importanța aplicării proceselor de dezvoltare, dar și de faptul ca nu trebuie să dicteze fiecare decizie în departamentele firmei. (n.a. Chiar dacă inițiativa mea a fost un succes, a venit prea târziu, deoarece acționarii companiei deja deciseseră să închidă compania după cum aveam să aflu în scurt timp.)

În urma acestei experiențe, pot trage concluzia asupra următoarelor lucruri:

- **Project Managementului nu are grade de aplicare, ci doar unul: îl aplici sau nu îl aplici!** Aplicarea ariilor de cunoștințe din Project Management nu sunt opționale. A fi Project Manager nu e o chestiune de grade: dacă aplici mai puține cunoștințe te chemi Project Manager „slab" și dacă aplici mai mult ești un Project Manager „bun". Există doar Project Manageri „buni", restul nu au calitate de Project Manageri.
- Provocările managementului contemporan sunt mai mari decât în trecut. Project Managerii actuali au devenit un soi de unealtă pentru a justifica alocări, în loc să fie folosiți pe post de **experți în optimizarea operațiunilor**. În organizații de tip matrice, un PM nu are nici putere, nici responsabilitate pentru atingerea obiectivelor companiei, iar de multe ori sarcina lor se rezumă doar la rezolvarea unor conflicte de resurse între managerii funcționali sau

doar la a face rapoarte ca o asistentă de birou. În acest context, rolul de Project Manager nu este a fi un adevărat conducător de proiect, ci este doar un consultant cu putere limitată, cu puțină influență, dar și cu puține rezultate.

Câteodată mă întreb dacă se merită să fii Project Manager...

O discuție cu un om de Marketing

[Log personal. 20 Septembrie 2012]

Ședința de dimineață, care ar fi trebuit să dureze 30 minute, se prelungește. Unul din **Experți** (vezi capitolul **Cine sunt Experții?**), nevorbit și dornic de atenția publicului, ne ține un discurs despre strategia de Marketing. La final îmi dau seama că nu am înțeles nimic. Sunt în aceeași măsură fascinat și indignat de modul în care poate cineva să vorbească o oră fără să spună nimic concret...

— *Scuză-mă că te întrerup, dar ai putea să rezumi într-o singură propoziție ceea ce ai vrut să spui? Poți să formulezi un UPS?* (n.a. Unique Selling Proposition)

— *Dacă nu ești atent, tocmai asta am făcut de o oră încoace...* îmi răspunde **Expertul**.

— *Sincer am încercat să înțeleg, dar nu văd în ce măsură prezentarea ta are legătură cu produsul nostru. Ai vorbit de funcționalități care nu există, iar pentru un moment am crezut că descrii altă aplicație...*

— *Păi înseamnă că tu nu înțelegi produsul la care lucrezi...*

— *Eu am creat produsul. Cum aș putea să nu îl înțeleg?*

Şi de la schimbul acesta de replici aparent inofensiv, a pornit o avalanşă de dezbateri „filozofice" în contradictoriu legate de produs... Cum a ajuns o simplă întrebare să declanşeze un schimb de replici tăioase nu este chiar surprinzător.

Conflictul îşi are originea cu câteva luni în urmă. În calitate de reprezentanţi ai companiei **F-Startup**, eu în rolul de Product Manager şi Dl. **Expert** ca PR şi Marketing Manager, îl invitasem la sediul nostru pe directorul executiv al unui potenţial parter de afaceri să asiste la o prezentare a modelului matematic din spatele platformei pe care o dezvoltăm. Tocmai în momentul în care mă pregăteam să prezint, colegul meu (unul din cei patru **Experţi** „Magnifici") m-a întrerupt şi a început el să conducă prezentarea de produs. Pe lângă lucrurile bune pe care le-a spus, a adăugat şi câteva tâmpenii, în principal pentru că nu cunoştea suficient de bine produsul (**Expertul** era angajat de puţin timp în companie). Clientul nostru, nefiind familiarizat cu produsele din industria software, s-a arătat foarte nedumerit asupra funcţionalităţilor. Greşeala mea a fost că m-am simţit dator să întrerup prezentarea colegului meu de câteva ori, pentru a oferi o serie de explicaţii suplimentare clientului. După întâlnire, **Dl. Expert** mi-a mărturisit că s-a simţit jignit: *Cum îţi permiţi să mă corectezi în timpul prezentării?*

De la momentul acestui incident, relaţia noastră s-a înrăutăţit simţitor: în fiecare discuţie în care eram ambii prezenţi, **Dl. Expert** încerca prin orice mijloc să mă pună într-o lumină proastă, iar cu prima ocazie pe care a avut-o s-a plâns CEO-ului că îi subminez relaţia cu clienţii şi din acest motiv avem vânzări atât de slabe. Am încercat să îmi argumentez punctul meu de vedere, însă prietenia de o viața dintre CEO și **Expert** s-a dovedit a fi mai importantă decât toate argumentele mele...

Rezultatul a fost că CEO-ul mi-a interzis participarea la prezentările cu partenerii noștri strategici timp de câteva luni de zile. A fost o experiență dură, dar a fost una din lecțiile pe care a trebuit să le învăț în acest mod.

După cinci luni de la incident, timp în care **Dl. Expert** mergea singur la prezentările de produs, rezultatul a fost că nu am mai reușit să atragem în programul de loializare nici un partener strategic. Rezultatele slabe pe care le aveam nu se datorau exclusiv faptului că nu am fost prezent în întâlniri, însă mereu m-am întrebat cum ar fi fost dacă aș fi fost prezent în acele întâlniri?

Eu mi-am imaginat un scenariu a felului cum au decurs prezentările de produs în lipsa mea (dialogurile sunt imaginare, însă au la bază o serie de evenimente reale și notițe din **Sales Pitch**-ul **Expertului**):

— *Avem o propunere doar pentru dv! Produsul nostru revoluționar vă ajută să vă promovați afacerea și în același timp să vă măriți baza de date cu clienți din alte segmente. Aplicația noastră poate citi gândurile clienților, pe ale dumneavoastră și pe ale competitorilor voștri!*

— *Uau! Știe să facă și ouă prăjite?* întreabă ironic **Clientul**.

— *Mai mult! Ştie să facă şi găini!* răspunde **Expertul** şugubăţ în timp ce **Clientul** holbează ochii cât cepele. Apoi îşi continuă ideea: *Cunoaşteţi dilema străveche: Ce a fost la început, oul sau găina?* (această dilemă a cauzalităţii „oul sau găina" era folosită ca un laitmotiv în discursurile CEO-ului, fiind apoi preluată de **Experţi** şi folosită abuziv în negocierile tactice cu partenerii de afaceri).

— *Îmi sună familiar... Despre asta e vorba?*

— *Exact! Produsul nostru răspunde exact la aceasta întrebare...* răspunde evaziv **Expertul**.

— *Interesant... Şi cam cât ne costă jucăria asta?*

— *Păi nu vă costă nimic! Este necesar să fiţi doar unul din partenerii noştri! Noi vă vom vindem produsele, vă fidelizăm clienţii şi vă aducem clienţi pe care dv nu îi puteţi ţinti. Totul gratuit!* răspunde **Dl. Expert** triumfător.

— *O asemenea ofertă este de nerefuzat! Batem palma!* spune **Clientul**.

Peste doar o zi **Dl. Expert** îl sună pe **Client**:

— *Revin cu un update... Ştiţi... am vorbit cu unul din colegii mei* (n.a. cu mine adică) *şi mi-au spus că totuşi există un cost asociat integrării.*

— *Hmm... Şi în ce constă?*

— Nu știu să vă spun acum, trebuie să îl consult din nou pe colegul meu. Îmi pare rău că nu vă pot furniza acum aceste date, dar vă promit că revin cu un telefon.

— Bine, bine... când aflați îmi spuneți și mie! răspunde **Clientul** bulversat.

Și asta a fost ultima dată când reprezentantul partenerului a mai răspuns vreodată la telefon.

Revenind la situația din prezent, în timpul ședinței cu comitetul de conducere ridic următoarea problemă:

— Cum poți să vinzi un produs pe care nu îl cunoști?

— Nu e important să cunoști produsul ci important e cum îl prezinți! interveni CEO-ul. *Acum 20 de ani pe vremea când eram în America Sălbatică... Doamne, ce vremuri!... vindeam și pe dracu, deși habar nu aveam ce vindeam...*

Povestea CEO-ului continuă cu o serie de întâmplări apoteotice, iar noi, cei care îl ascultam, uitasem cu totul de motivele pentru care ne adunasem în ședință. Deznodământul poveștii are însă un final „neașteptat":

— Bine! Acum toată lumea știe ce are de făcut! Spor la lucru! Get it done! You lead!

După ce CEO-ul ne vorbise de întâmplările „Haiducului Marketeer" în Vestul Sălbatic... ne-am trezit că ne urează *Spor la lucru*. Ne-am uitat unii la alții năuciți pentru că nimeni nu avea habar ce are de făcut... dar am mulțumit cerului că ședința cea de „30 minute", care durase trei ore, luase sfârșit.

Un răspuns la întrebarea *Cum poți să vinzi un produs pe care nu îl cunoști?* nu l-am primit nici până în ziua de azi. Ceea ce CEO-ul împreună cu Expertul încerca să transmită acționarilor era că lipsa de performanță a contractelor semnate se datorează exclusiv calității produsului pe care eu îl creasem. Deși acționarii erau conștienți că performanța scăzută se datorează rezultatelor slabe ale departamentului de vânzări și marketing, impresia generală la acea vreme fusese că întreg eșecul se datorează doar mie.

Iată concluziile pe care le-am tras pe baza acestei experiențe:

- Nu intra într-o discuție în contradictoriu cu un om de Marketing, pentru că are mintea mai odihnită ca tine!
- **Omul de Marketing**, deși nu știe ce vorbește, întotdeauna pare că are dreptate!

Maestrul păpușar

[Log personal. 10 Octombrie 2012]

Astăzi, cu o săptămână înaintea primei lansări de produs, **Experții** din departamentele de Marketing și Sales și-au dat seama brusc că trebuie să facem o serie de modificări produsului. Întrucât era prea riscantă schimbarea scopului pe ultima sută de metri, m-am opus categoric oricăror modificări. Văzând că cererile de schimbare nu sunt aprobate, **Experții** s-au plâns bunului și vechiului lor prieten, CEO-ul, care a aprobat pe loc modificările.

În mod normal, deciziile de schimbări sunt luate de **Change Control Board** (din care fac parte), dar, atunci când CEO se implică, deciziile consiliului devin nule. Așadar schimbările au fost aprobate. COO-ul, alt membru al boardului, deși nu fusese de acord cu modificările propuse, a acceptat tacit decizia, deoarece nu se află în cele mai bune relații cu CEO-ul și nu voia să riște un conflict cu șeful lui.

Bineînțeles că nimeni nu vrea să audă de amânarea termenelor de livrare, de ore suplimentare plătite, de a angaja noi oameni... astfel că efortul echipelor de producție s-a dublat peste noapte. Odată cu modificările volumului de muncă au apărut și problemele, căci termenul de livrare a rămas același, echipele de dezvoltare s-au simțit copleșite și inevitabil au apărut greșelile (ceea ce numim în termeni tehnici „bugs"). Calitatea livrării este în pericol și sunt lipsit de orice soluție.

Când i-am prezentat CEO-ului situația, tot ce a putut să îmi spună a fost:

— *Avem bug-uri? Adică gândaci? Unde avem gândaci?*

(Inițial CEO-ul a crezut că avem gândaci în bucătărie; „bugs", defecte sau gândaci tot un drac era pentru el).

[Log suplimentar. 17 Octombrie 2012]

Experții cer din ce în ce mai multe schimbări produsului si toate modificările primesc aprobarea CEO-ului. Prioritățile noastre se schimbă de pe o zi pe alta atât de des, precum se aprind și se sting beculețele unui pom de Crăciun: azi o funcționalitate e importantă, mâine nu mai e. De fiecare dată când o schimbare e aprobată, am neplăcuta responsabilitate să dau mai departe directiva echipelor de dezvoltare. Echipele joacă așa cum le dictez: o dată la stânga, o dată la dreapta, înainte, apoi înapoi... Mă aflu în postura unui „maestru păpușar" dar în același timp am devenit o marionetă în mâinile **Experților**.

Munca a devenit copleșitoare. Oamenii mă întreabă: *De ce atâtea modificări? De ce se schimbă prioritățile?* Toți se simt dezorientați, cerințele devin contradictorii și calitatea produsului a devenit groaznică. Direcțiile sunt haotice. Sunt hotărât să pun capăt acestei nebunii:

— De acum încolo toate cererile de schimbare vor avea nevoie și de aprobarea acționarilor.

Din acel moment, schimbările de scop au încetat. **Experții** căzuseră în dizgrația acționarilor (datorită rezultatelor mediocre din ultimele luni și nu au dorit sa și-i pună în cap). Mai mult, echipa de Marketing nu numai că a oprit cerințele, dar chiar a insistat să amânăm data lansării, atâta timp cât este necesar să stabilizăm produsul.

La acel moment nu am înțeles de ce **Experții** încearcă din răsputeri să amâne termenul de livrare pe care tot ei îl stabiliseră. Până la urmă am înțeles motivul de ce echipa de Marketing nu vroiau să lanseze produsul deoarece nu erau pregătiți să lanseze conceptul pe piață (decât pe hârtie), astfel că au găsit motivul perfect al amânării: nevoia de schimbare. CEO-ul a ținut ascuns acest aspect față de acționari, deoarece garantase personal pentru planurile de Marketing.

O lecție de „Gathering Requirements"

[Log personal. 18 Octombrie 2012]

9:00 AM. Ședința de management, care se ține în fiecare dimineață, durează întotdeauna trei ore în loc de una. De multe ori am senzația că oamenilor chiar le plac astfel de ședințe, pentru ca le oferă un motiv numai bun să nu muncească (o parte din invitați întârzie, unii cască, alții își verifică emailurile, alții conturile de Facebook). Bineînțeles că în cele trei ore de discuții, vorbim și despre lucruri serioase: planuri pe termen lung, programe de loializare, însă toate au rămas doar la stadiul de dorințe. Practic nu am reușit să semnăm nici un contract cu vreun partener strategic și nici să vindem ceva. Deși suntem în rahat până la gât, încă visăm la *planurile care vor schimba lumea...*

CEO-ul îmi cere să gândesc în termeni precum *strategie, viziune.* Îmi spune:

— *Dacă cel care a făcut iPhone-ul, D-zeu să-l odihnească* (n.a. trecuse un an de la moartea lui Steve Jobs), *nu ar fi avut viziune, acum nici noi nu am mai fi aici!*

Cu toții eram numai ochi și urechi la vorbele de „duh" ale CEO-ului, ca la un duhovnic.

— Peste un an, se vor ruga partenerii mari să semneze contractele și noi nici nu o să ne uităm la ei! adăugă CEO-ul amenințător, în ciuda faptului că nu reușisem să avem nici un contract important.

Apoi CEO-ul arătând cu degetul arătător către cer a continuat euforic:

— Parcă îi și văd, cum or să ne bată la uși partenerii, iar noi le vom spune: Nu ați vrut atunci voi, acum nu mai vrem noi...

(Adevărul e că peste un an, s-ar putea ca startup-ul nostru să fie *ashes to ashes, dust to dust,* cum zic americanii...)

*— Adună te rog toate ideile de la toți și hai să facem un plan pe termen lung! În momentul de față ne lipsește o **viziune** de ansamblu...*

CEO-ul pune capăt ședinței cu aceleași vorbe de duh: *Get it done! You lead it!* pe care le repeta întruna la sfârșitul fiecărui „speech" și care, în contextul ultimelor evenimente au ajuns ținta glumelor angajaților.

[Log suplimentar. 18 Octombrie 2012]

12:00 PM. Urăsc colectarea cerințele stakeholderilor. Motivul pentru care îmi displace atât de mult această activitate este că stakeholderii noștri nu au nici o idee ce face produsul nostru...

Colectarea Cerințelor

În ultimele opt luni de zile de ședințe, am adunat o tonă de idei și cerințe din care 80% sunt de fapt întrebări: *Ce ar fi dacă schimbăm culoarea? De ce așa și nu altfel?* iar 20% din cerințe sunt cele de la CEO de tipul *Investigați cum putem modifica aplicația noastră ca să o putem vinde. Totul e clar până aici, nu? Get it done! You lead…*

Înainte de a prezenta cum se colectează cerințele unui produs în **F-Startup**, iată cum arată stakeholderii care definesc cerințele:

Și iată cum arată **matricea stakeholderilor**, în ordinea importanței lor:

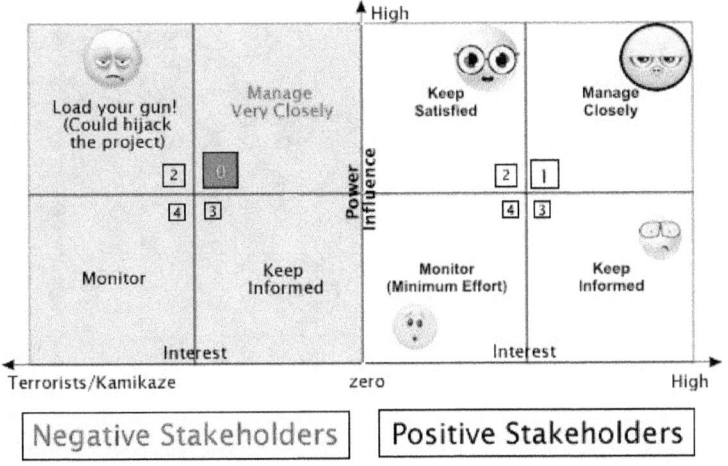

Am început să colectez cerințele **stakeholderilor pozitivi** în-
cepând cu cei din cadranul 1 (cei cu putere de decizie și cu interes
mare față de proiect), apoi am continuat cu cei din cadranul 2, 3, 4.
Când vine vorba de **stakeholderii negativi**, situația se complică.
De exemplu, unul din key stakeholderi a refuzat să îmi dea specifi-
cațiile, motivând că el nu este destul de bine plătit să facă asta.
Așadar, cerințele lui fiind incomplete nu au fost adăugate în plan,
însă știu sigur că la finalul proiectului, va avea pretenția că cerințele
lui să fie satisfăcute. Un alt stakeholder negativ mi-a furnizat speci-
ficații contradictorii, în mod intenționat, pentru a putea ulterior să
nege faptul că el a cerut așa ceva și să poată renegocia termenii ce-
rințelor sale. Acest tip de stakeholderi eu îi numesc „terorişti" sau
„kamikaze", fiind în stare să arunce în aer întreaga clădire numai ca
proiectul să nu iasă... În legătură cu stakeholderii de tip **negativ**,
nu știi la ce să te aștepți de la ei, așadar pentru ei vă trebuie ochi la
spate și un pistol!

La final am obținut o listă cu următoarele cerințe:

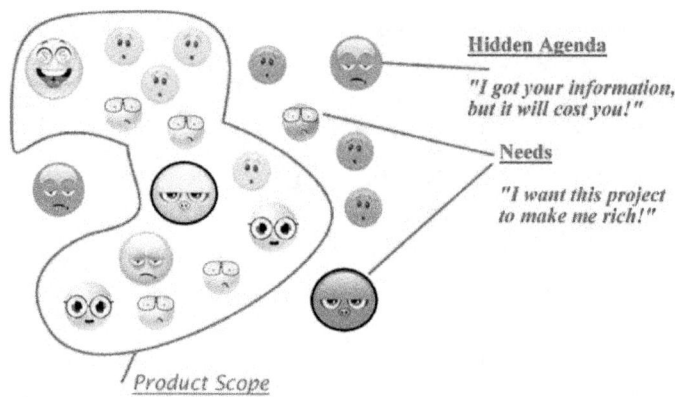

Iniţial îmi notasem peste o sută de cerinţe, însă mai bine de jumătate au rămas neclarificate sau au fost eliminate din scop deoarece erau invalide fiind fie dorinţe nerealiste *(Vreau să mă îmbogăţesc de pe urma produsului)*, fie cerinţe nescrise (de tipul: „agenda secretă"). La final au rămas doar cu acele cerinţe „high-level", care în teorie poartă numele de **Product Scope Document** (echivalentul **temelor şi epicilor** din **Agile**). Din totalitatea cerinţelor, doar cele scrise vor face parte din **Product Scope!**

[Log suplimentar. 18 Octombrie 2012]

13:00 PM. Mă pregătesc de faza a II-a (adunarea cerinţelor detaliate). COO-ul îmi spune:

— *Acum avem cerinţele. Hai să le estimăm!*

Iniţial am crezut că glumeşte:

— Cum crezi că pot să estimez inepțiile astea? Sunt niște po-
vești spuse la beție, nu sunt cerințe adecvate. Trebuie să le detaliem,
să le analizăm și apoi să le estimăm.

— Ai cerințele inițiale... de ce nu le poți estima? mă întreabă
enervat Directorul Operațional.

Care e problema oamenilor ăștia? În mod sigur nu au simțul
umorului și nici nu știu meserie. Ce combinație perfectă...

De dragul argumentului, am să explic ce este fundamental gre-
șit în această abordare de a estima, înainte de a detalia. Problema
nu e că nu se pot face estimări, ci mai degrabă problema e ca esti-
mările nu folosesc la planificare (n.a. ar putea fi totuși de folos doar
ca un indicator de complexitate). O altă problemă este că cerințele
de nivel înalt sunt uneori atât de vagi încât în urma unei analize
simple, poate rezulta că unele cerințe pot fi la rândul lor proiecte în
sine care nu pot fi estimate corect la nivel de cost, timp, resurse, etc.
Deci detalierea trebuie făcută înainte de estimare. Însă **procesul
de detaliere** are și el câteva reguli practice. Deoarece detalierea
tuturor cerințelor poate să necesite un efort prea mare în industrie
se practică detalierea doar pentru un **subset de cerințe mai im-
portante**.

Ce spune teoria?

PMBOK-ul spune că detaliere amănunțită are loc la începutul
proiectului, în procesul de **Planificare**, după colectarea specifica-
țiilor „high level" din procesul de **Inițiere**, când pe baza **Project**

Charter-ului sau al documentelor care definește scopul produsului (**Product Scope Document, Product Requirements Document**, etc.) se colectează specificațiile inițiale ale proiectului. Deși în teorie detalierea tuturor cerințelor se realizează complet în procesul de **Planificare**, totuși, în cazul unui proiect al căror obiective și cerințe sunt neclare, teoria recomandă detalierea în mai multe etape, la momente diferite de timp. Metoda detalierii în mai multe etape (sau „valuri", en. „waves") este foarte asemănătoare cu **planificarea de tip „aisberg"** din Agile sau mai poartă denumirea și de tehnica **Rolling Wave Planning** în PMBoK (detalierea pe măsură ce proiectul înaintează și cerințele devin mai clare). Un alt motiv pentru care nu este bine să detaliem totul de la bun început, în faza de **Planificare** este că nu știm sigur dacă cerințele definite acum vor mai fi relevante în viitor (gândiți-vă că firma poate să își schimbe domeniul de activitate sau pur și simplu să dispară)... Avantajele detalierii în „valuri" (în termeni de specialitate: wave planning) sunt uriașe: câștigi timp detaliind doar cerințele care sunt importante în viitorul apropiat, iar acest lucru permite dezvoltarea să se înceapă mult mai înainte ca scopul proiectului să fie pe deplin cunoscut. Cerințele care nu sunt importante în viitorul apropiat, vor rămâne doar la stadiul de specificații „high-level".

Totuși cum știm care sunt acele cerințe cu adevărat importante?

[Log suplimentar. Oct 18, 2012]

14:00 PM. M-am gândit să convoc ad-hoc o altă ședință de prioritizare cu stakeholderii cheie, la doar câteva ore de la ședința de dimineață, pentru a determina care sunt acele cerințe importante din punct de vedere al companiei. CEO a refuzat inițial să participe. Sunt în ședință cu **Experții** și **COO-ul** (Directorul Operațional).

COO-ul s-a așezat confortabil în scaun, binedispus. În lipsa CEO-ului, Directorul operațional fiind a doua persoana cu putere de decizie în firmă, COO-ul făcea legea:

— *Ce funcționalitatea e asta? Bănuiesc că toată lumea e de acord că este puțin importantă, da? Următoarea: Foarte importantă, puțin importantă, foarte puțin importantă.*

COO-ul începuse frenetic sesiunea de alegere a priorităților ca la un joc de Bingo. În cinci minute, COO-ul decisese importanta a 50% din funcționalități. Apoi, neașteptat și-a făcut apariția și CEO-ul. S-a lăsat tăcere în sală, iar lucrurile au revenit la „normal": după ce toată lumea și-a dat cu părerea, CEO-ul a decis peste toți:

— *Foarte importantă. Următoarea!*

Ce ședință mai e și asta în care deciziile nu au nici o justificare? Mi-am dat seama că făcusem o greșeală în convocarea ședinței: în primul rând pe agenda de discuție ar fi trebuit sa fie „stabilirea valorii funcționalităților pentru prioritizare" și nu „alegerea priorităților". Toată lumea a rămas cu ideea că în ședință se va decide ordinea în care se vor implementa lucrurile (adică prioritățile) și nicidecum importanța funcționalităților din punct de vedere al businessului.

Care e concluzia?

Dacă avem un proiect cu specificații vagi și obiective neclare, detaliere specificațiilor (procesul de Colectarea Cerințelor, în engleză numit **Gathering Requirements**) nu trebuie să pornească fără înțelegerea priorităților. Prioritățile nu se aleg numai de către oamenii de business ci și de membrii echipelor de implementare.

Pot sumariza procesul corect de colectarea a cerințelor în felul următor:

1. *Pornește cu cerințele **high level (epics)**.*

2. *Stabilește **Business Value** (sau **Business Priority**) pentru fiecare **epic**.*

3. *Estimează grosier **Efortul** pentru fiecare epic (fără o estimare precisă).*

4. *Ordonează cerințele de nivel înalt (epics) pe baza raportului dat de **Business Value/Efort** (adică folosind metoda cost beneficiu; cele cu raport mai mare sunt primele). Notă: aici pot fi folosite și alte metode, pe care le voi descrie în capitolele următoare.*

5. *Pornește **detalierea cerințelor** doar pentru **epicele** care au raportul cel mai mare.*

Pașii de colectare a cerințelor pot fi reprezentați într-o singură imagine (vezi mai jos „Iceberg-ul" unde numai vârful e cunoscut în totalitate):

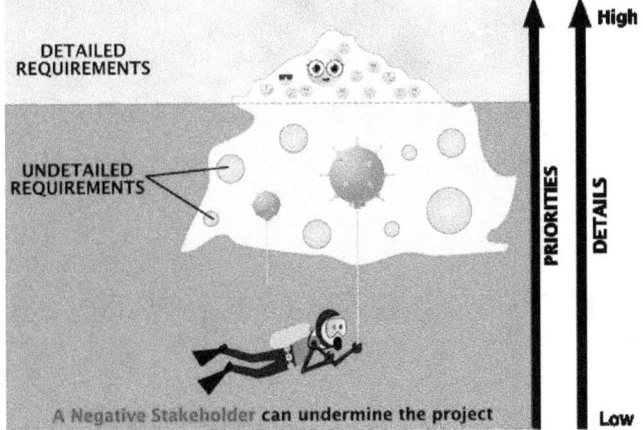

Prioritățile, o alegere logică!

[Log personal. 25 Octombrie 2012]

Echipa de management consideră alegerea priorităților o activitate distractivă. În zece minute, managementul a decis prioritățile pentru următorul nostru an. Iată cum arată justificările fiecărei priorități:

Features	Business Value/Priority	Business Reason
T1	5 = Very High Priority	*Because I said so!*
T2	4 = High	*I really want this.*
T3	4 = High	*My gut tells me*
T4	2 = Low	*Make it so!*

9:00 AM. Am ridicat problema în ședința operațională:

— *Cu tot respectul... Prioritățile de business pe care le-am stabilit până acum au fost în funcție de preferințele noastre individuale. Scopul nostru nu e doar să stabilim prioritățile de business, ci și să le justificăm alegerea în relație cu obiectivele companiei.*

— *Lasă deoparte scopul nostru!* replică acid COO-ul. *Ne-am adunat aici ca să stabilim niște priorități. În funcție de impactul pe care îl au, noi decidem prioritățile!*

— *Și cum stabilești impactul asupra business-ului?* îl întreb.

— Treaba e simplă! Le stabilim și gata! Hai să trecem mai departe, că vreau azi să plec mai repede acasă...

Ca un mic experiment, am creat un exercițiu pentru stakeholderii cheie, ca să pot înțelege cum decid ei „prioritățile":

— Care este ordinea de implementare a următoarelor funcționalități știind că echipa are un cost de ardere de „7" pe lună și care sunt acele funcționalități pe care ar trebui să le dezvoltăm în prima lună?

Feature	Business Value	Cost (Effort)	Business Reason
T1	5 = Very High Priority	5 = work overtime	*Because I said so!*
T2	4 = High	1 = minimal effort	*I really want this.*
T3	4 = High	4 = a lot of effort	*My gut tells me*
T4	2 = Low	1 = minimal effort	*Make it so!*

Răspunsul A. (de la CEO): —*Tu să îmi spui!*

Răspuns B. (COO): *T1, T2, T3, T4*. —*În prima luna implementăm T1, T2.*

Răspuns C. (**Experții**): *[Liniște]*

Majoritatea oamenilor vor considera răspunsul „B" corect și parțial au dreptate. Soluția B ia în calcul valoarea adăugată business-ului, însă nu e cea mai eficientă soluție deoarece costul (T1 + T2 = „6" al soluției B) e mai mic decât capacitatea ideală de ardere („7"). Cu alte cuvinte nu se folosesc toate resursele. Alegerea priorităților doar în funcție de **Business Value** nu este eficientă si nici cea mai inspirată (mai ales că motivele prezentate în coloana **Business Reasons** care au stat la baza stabilirii **Business Value** sunt toate motivele din lume mai puțin cele logice: *Instinctul meu îmi spune așa, Deoarece am zis eu,* etc.)

Pentru nimeni nu cred să fie o noutate că unii manageri iau decizii exclusiv pe baza instinctul lor natural și nicidecum pe logică. Dar imaginați-vă cum ar fi dacă deciziile importante într-o companie ar fi luate numai de un astfel de manager. Totul ar fi ca la ruleta rusească: uneori instinctul lui ar funcționa, alteori nu, iar rezultatele bune ar fi doar întâmplătoare. Tocmai de aceea în companiile mature, se elimină posibilitatea ca deciziile importante să depindă doar de un singur manager atotputernic și se preferă deciziile bazate pe colaborarea mai multor persoane. Același lucru putem spune și despre prioritățile unui proiect: ele se decid pe baza tuturor stakeholderilor interni și externi, nu numai a stakeholderilor cheie (așa cum se întâmplă din nefericire în industrie). Este responsabilitatea managerului de proiect să se întâmple acest lucru.

Pentru ca un PM să poată stabili prioritatea unei funcționalități trebuie mai întâi să înțeleagă **de ce** acea funcționalitate este importantă. Folosind această informație, în corelație cu informațiile de la toți stakeholderii (atât externi cât și interni), un PM poate decide într-un mod logic, transparent, consistent și obiectiv prioritatea unei funcționalități. În acest sens, un PM poate folosi bine-cunoscuta analiză de tip Cost-Beneficiu (în engleză **Benefit-Cost Analysis**), una din cele mai simple metode de prioritizare.

[Log suplimentar. 25 Octombrie 2012]

14:00 PM. Trebuie sa recunosc că nu a fost foarte deștept din partea mea să demonstrez celor din conducerea companiei că deciziile lor nu au nici o logică. Ca urmare, mi-am atras asupra mea și mai multă antipatie.

A decide prioritățile în cadrul unui companii este un subiect foarte sensibil, deoarece este greu să îi convingi pe toți oamenii cheie asupra modului corect și transparent de a alege prioritățile. M-am întrebat des când este potrivit să folosesc o metoda de prioritizare elaborată și când nu? Pentru proiecte mici, **prioritățile** funcționalităților (ordinea de implementare) pot fi stabilite doar pe baza dorințelor clienților, pe când pentru proiectele mari prioritățile trebuie să se calculeze în funcție de toate constrângerile: **timp, resurse, bani, riscuri, satisfacerea clientului, calitatea**.

De exemplu, pentru un proiect dezvoltat cu framework-ul Scrum (proiect Agile de anvergură mică), nu este nevoie întotdeauna de o analiză cost-beneficiu pentru alegerea prioritaților (ci se poate face pe baza beneficiului: **Business Value**). Există și un argument logic pentru această alegere: fiecare Sprint livrează un demo; dacă clientul nu este mulțumit de ceea ce primește, atunci el nu plătește; clientul poate termina proiectul sau poate să îl continue cerând schimbări asupra priorităților (cu alte cuvinte prioritățile alese de client sunt suficiente pentru a justifica dezvoltarea). În timpul Sprint-ului/Iterației din Scrum, prioritățile se pot schimba rapid în funcție de nevoile clientului, iar dacă am calcula prioritățile mereu după formule de tip cost beneficiu ar fi de multe ori o pierdere de timp (dar nimic nu trebuie să împiedice echipa să ofere o analiză de cost beneficiu în favoarea unei decizii mai bune). În Scrum priorităţile trebuie să fie adaptabile, de aceea dezvoltarea cu Scrum este foarte asemănătoare cu „un joc de-a viaţa şi de-a moartea": *Adaptează-te să supravieţuieşti schimbărilor priorităţilor sau mori!*

O metodă riguroasă de alegerea priorităţilor

Cred că fiecare companie trebuie să aibă un set strict de reguli pentru a alege priorităţile. Indiferent cât de stupide sunt acele reguli, atâta timp cât sunt acceptate de toţi, ele trebuie să se aplice. După toate experienţele nefaste pe care le-am avut cu şedinţele de prioritizare, am concluzionat că cel mai bun mod de a seta priorităţile într-un mod transparent, mai puţin interpretabil, este să folosesc următoarele reguli:

- **Ţine cont de părerea tuturor stakeholderilor** (interni sau externi). Exemplu: Echipa de producţie trebuie să aibă un cuvânt de zis în alegere priorităţilor. În lipsa acestui lucru, se încalcă principiul **MBO** (**M**anagement **B**y **O**bjectives, în care obiectivele sunt agreate şi susţinute de către toate nivelurile organizaţionale).

- **Alegerea priorităţilor ţine cont întotdeauna de priorităţile de business** (Business Value/Business Priority). **Business Value** se estimează în funcţie de o serie de **criterii prestabilite** la nivel de organizaţie (portofoliu sau program) şi, ideal, ar trebui să rămână la fel pentru toate proiectele. **Business Value** ar trebui de asemenea să conțină minim trei criterii de evaluare (ponderile criteriilor pot diferi de la un proiect la altul). În figura de mai jos sunt descrise două categorii de criterii: criterii curente cu pondere 60% și criterii viitoare cu pondere de impact 40%. Valoarea criteriilor se abstractizează în valori numerice (exemplu: 5 = very high impact, 1=very low impact).

Feat.	Current Business Criteria		
%	25%	20%	15%
Crite-ria	Pain for the user	Time/Cost saving business	#of customer impacted
T1	5	4	5
T2	5	5	5

Future Business Criteria					
10%	10%	5%	5%	5%	5%
Revenue from new customers	Attract new customers	Contains pioneer Features?	Concept Maturity	Increase brand awarness	New on market?
0	0	1	5	5	1
0	1	2	3	2	1

De ce sunt necesare atât de multe criterii pentru a stabili prioritățile de business? Pentru că de nenumărate ori, în ședințele de prioritizare, oamenii au tendința de a supraevalua sau subevalua prioritățile. (De exemplu, la întrebarea: *Care funcționalități vi se par importante?*, răspunsul e de multe ori *Toate sunt importante.* Este evident, că pe baza acestui răspuns nu poți face o diferență între funcționalități). Așadar pentru a reduce subiectivitatea evaluării se redefinesc mai multe criterii de evaluare. Asta este un fapt demonstrat!

- Dacă în procesul de alegere a priorităților se ține cont de **Efortul (Costul)** echipei de dezvoltare (și de obicei se ține cont de costul echipei de dezvoltare), estimarea de **Efort** trebuie să fie evaluată pe seama unor criterii prestabilite. Ponderea fiecărui criteriu este stabilit la nivel de organiza-ție sau în funcție de strategia de produs. Estimarea de **Efort** este reprezentată de o valoare relativă (de exemplu folosind o valoare din șirul lui Fibonacci: 1, 3, 5, 8, 13, 21, etc. sau o scară de valori predefinite: 5 = foarte greu de im-plementat, 1=foarte ușor de implementat, etc.). Exemplu de criterii cu diferite ponderi:

Effort (Cost)			Total
55%	35%	10%	100%
Technical Complexity	Time allocated	Organization Readiness	Total Score
3	3.5	4	3.5
1.5	2.5	1	1.6

- *Fiecare criteriu de prioritizare este o medie a valo-rilor (părerilor) a cel puțin trei experți.* Dar de ce minim trei? Oamenii indiferent cât de buni sunt într-un do-meniu sunt supuși erorilor. În managementul de proiecte, estimările de timp folosite în tehnica PERT (**Program Evaluation and Review Technique**), țin cont de trei es-timări diferite (P=o estimare **P**esimistă, O=**O**ptimistă,

M=Cea mai probabilă (din engleză: **M**ost probable)). Indiferent de metoda pe care o folosim în estimări (PERT, jocul de Poker, etc.) e nevoie de minim trei oameni în așa fel încât opiniile lor să conveargă spre un rezultat mai realist. În orice dezbatere, e nevoie de mai mult de doi oameni pentru a nu se ajunge la situația „cuvântul meu împotriva cuvântului tău".

Puncte slabe ale metodei de prioritizare cost-beneficiu

Tabelul de mai jos conține prioritățile produselor folosind criteriile de **Efort** și **Business Value** (ordinea de implementare este dată de ordinea sortării descendente a coloanei „Benefit/Cost Ratio").

Product, Project, Feature	Business Value (BV)	Effort (Cost)	Benefit/Cost Ratio
P1	3.6	3.33	1.1
P2	2.9	5	0.6
P3	3.65	4.85	0.8
P4	1.1	2.75	0.4

Acum să considerăm următorul exemplu:

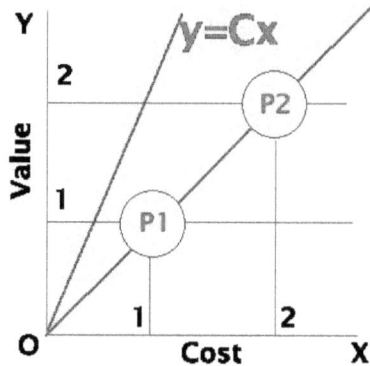

În figura de mai sus sunt două proiecte (P1 și P2), cu același raport = 1. Amândouă având același raport cost-beneficiu, nu știm pe care să îl implementăm primul... Aceeași situație se întâmplă pentru orice valoare X și Y având dependența lineară: Y=C*X (sau Benefit/Cost=y/x=**C constantă**; aici avem problemă „de raport constant **C**"). Așadar analiza cost beneficiu nu este potrivită în orice situație.

Un alt exemplu demonstrează că analiza cost-beneficiu nu este întotdeauna bună:

Feature	BV	Cost	Benefit/Cost Ratio
UI/UXD part1	5	1	5
Artificial Intelligence	4	2	2
Search Engine improvement	3	2	1.5
UI/UXD part2	5	5	1

În tabelul de mai sus, funcționalitatea „UI/UXD part 1" și „UI/UXD part 2" sunt implementate separat dacă ne luam după analiza cost-beneficiu, deși ele sunt legate de același obiectiv (UI = User Interface).

În managementul de proiecte, există o serie de metode des folosite de prioritizare care pot fi aplicate împreună sau ca o completare a analizei cost beneficiu: **Matrix Prioritization** (vezi mai jos), **NPV** (Net Present Value), **IRR** (Internal Return Rate), **ROI** (Return of Investment), **WSJF ratio (Weighted Short Job First** utilizat in dezvoltarea Large Scale Agile**)**, modelul **Kano** sau chiar analize de tip **Monte Carlo** (pentru a dovedi care decizii au șanse mai bune din punct de vedere statistic și implicit care trebuie implementate mai întâi).

Matrix Prioritization

O alternativă a analizei beneficiu cost, poartă numele de **Matrix Prioritization** care are la bază tot o analiză de tip cost beneficiu, dar care oferă o interpretare vizuală a datelor. **Ordinea de implementare** este dată de ordinea cadranele 1, 2, 3, 4. Pentru „bulele" care sunt în același cadran, se poate împărți cadranul în alte patru cadrane și se aplică aceiași metodă. Această metodă nu are aceeași limitarea „de raport constant C" (vezi exemplul de mai sus), deoarece la sortare folosim două dimensiuni de sortare (Y și X) în loc de una (raportul Y/X). În prima dimensiune Y, sortăm după Beneficiu (**Business Value**), apoi folosim a doua dimensiune „X" și sortăm după Cost și chiar dacă raportul Benefit/Cost este identic, totuși putem sorta funcționalitățile după Beneficiu.

Avantajul acestei metode este că putem alege vizual ordinea, fără să calculăm nimic. Ordinea ar fi: **P1, P3, P2, P4**.

Matrix Prioritization are totuși o limitare. Dacă mai multe funcționalități sunt în același cadran, una foarte aproape de alta, este foarte greu să le deosibim vizual. Ca să depășim asta, putem să adăugăm dimensiuni suplimentare sau constrângeri la sortare.

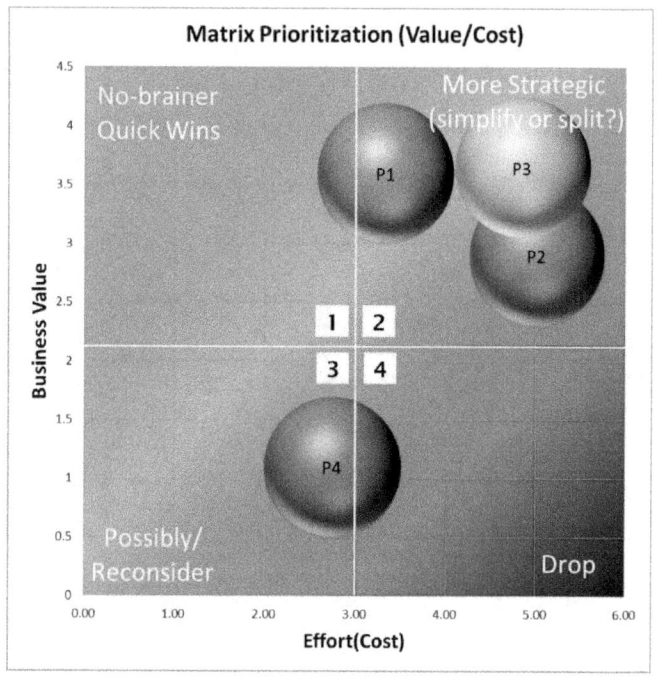

Prioritățile, o alegere logică

Alegerea priorităților folosind o metodă standardizată este o poveste frumoasă, dar în realitate, de cele mai multe ori, prioritățile sunt impuse din afara proiectului de către managerii funcționali, clienți, Sponsori. Foarte puțini Project Manageri au autoritatea de a decide priorităţile în cadrul unui proiect. În mod normal, un PM ar trebui să poată stabili priorităţile aplicând o procedură acceptată, folosită pentru toate proiectele şi arhivată în documentele companiei (în **OPA - Organization Process Assets**).

Procedura de alegere a priorităţilor ar trebui să fie în sine un document care descrie clar care sunt criteriile priorităţilor, felul cum s-au ales acele criterii, felul cum se calculează priorităţile, felul în care priorităţile se aliniază la obiectivele companiei şi la strategia de produse. Acest document este un fel de „Noul Testament" sau un „Crez" al companiei. Exemplu de criterii: **Criteriul UXD** *Cred că experienţa utilizatorilor este cel mai important factor care decide succesul sau eşecul unui produs*, **Criteriul de Upselling**: *Cred că funcţionalităţile de upsell vor mări semnificativ câştigurile companiei*, **Criteriul de Brand**: *Funcţionalităţile care măresc vizibilitatea brandului nostru pot aduce mai mulţi parteneri strategici!* **Criteriul vânzărilor:** *Deoarece vânzările de aplicaţii mobile vor creşte cu 30% următorul an, aplicaţiile mobile sunt foarte importante.*

Dacă nu aveţi un astfel de document în care se menţionează cum se stabilesc criteriile priorităţilor sau felul cum se decid priorităţile, făceţi-vă rugăciunea şi spuneţi în cor *Dumnezeu cu mila....*

Lecţii învăţate

Priorităţile se aleg întotdeauna în mod logic, pe baza unor criterii prestabilite, nu pe baza de instinct.

Prioritățile se pot alege și pe baza emoțiilor, care de multe ori sunt instinctuale, dar și în acest caz raționamentul din spatele alegerilor trebuie să aibă o analiză rațională. Un exemplu în acest sens este modelul Kano care oferă o interpretare logică a alegerilor ilogice (vezi analiza Kano în addendum-ul cărții).

Dar acum apare întrebarea firească: Dacă prioritățile sunt o alegere logică, cum se face că cei de la Apple, acei nebuni care au schimbat lumea și care au sfidat logica prin tot ceea ce au făcut, au reușit să aibă atât de mult succes? Au folosit cumva metode matematice, analize complicate să își aleagă prioritățile? Evident că nu! Mai întâi de toate, Apple nu au ales priorități, ci obiective. Au pornit de la esența lucrurilor și anume obiectivele companiei, iar prioritățile au derivat în mod natural și logic din acele obiective. Deși obiectivele lor au fost uneori nebunești și aparent iraționale, totuși prioritățile lor au fost o alegere logică.

Capitol recomandat: **Când în afaceri logica eșuează.**

O zi din viața unui Product Manager

O dimineață mohorâtă de Octombrie. Ședință cu acționarii firmei. CEO-ul invitase în ședință tot grupul de **Experți**, iar numărul celor prezenți crescuse la zece.

— *Sunt un pic îngrijorat,* afirmă unul dintre acționari.

— *Fii fără griji, totul e **planificat**,* încercă să-l liniștească CEO-ul.

Nimeni nu înțelege exact la ce se referă cuvântul *planificat* din moment ce nu există nici un plan...

— *Unde este planul de Marketing?... Vreau să văd roadmap-ul pe trei ani de zile al produselor! Băieți, vreau să văd unde naiba suntem?*

— *Ok, vei avea planul!* îl asigură CEO-ul.

— *Care e statusul platformei web? Cum stăm cu aplicațiile mobile?*

— *Partea de mobile a fost decisă fiind low priority, așa că a fost pusă on hold,* răspund.

— *Te rog fă-o high priority, vreau să avem aplicația de mobile cât mai repede!*

— *Lasă-l să spună ce vrea, că oricum facem tot cum vrem noi... Las-o low priority!* îmi șoptește COO-ul.

— *Ce vrei să spui?*

— *Băieți, am sentimentul că nu ne mișcăm suficient de repede... Ce parteneri avem în momentul de față?* întreabă un alt acționar.

— *E al naibii de greu să vinzi produsul când încă nu e finalizat...* se plânge unul din **Experți**.

— *Bine, bine am înțeles...* răspunde ironic investitorul principal, *totuși unde ne sunt partenerii strategici?*

În sala de ședințe se lăsă tăcerea. Afară toarnă cu găleata. Geamurile sunt aburite de transpirație. Sala de ședințe a devenit dintr-o dată neîncăpătoare.

— *Sunt îngrijorat...* continuă unul din acționari. *Avem sau nu competențe să aducem parteneri în programul de loializare?*

— *Te asigur că avem cei mai buni oameni din domeniu,* răspunde CEO-ul arătând către grupul de **Experți**.

— *Domnilor, dacă nu vindem ceva în două luni, închidem prăvălia și lucrăm de acasă...* bătu ferm cu pumnul în masă acționarul principal.

Asta ne-a făcut să ne înghețe sângele în vene. În ultimele întâlniri cu acționarii, discuțiile au devenit deosebit de tensionate. Decizia CEO-ului de a aduce în ședință un grup de așa ziși „**Experții**" a fost un gest disperat de a tempera acționarii.

Ședința „extraordinară" s-a prelungit mult peste programul de lucru, terminându-se după mai bine de șapte ore.

Mă ridic de pe scaun extenuat. Fără să scot o vorbă, plec spre casă. Nemâncat, înaintez prin ploaia măruntă, printre mașini și prin bălțile mizerabile până la metrou. Citesc horoscopul, care îmi prevestește *Anul acesta astrele anunță o catastrofă care mă va lua pe nepregătite.* Oare ce catastrofă mai mare poate să vină? Firma intră în imposibilitate de plată (ceea ce s-a și întâmplat în următoarele luni), sunt dat afară, mă îmbolnăvesc... Ce altceva mai rău de atât poate să mi se întâmple? Aș putea avea necazuri în familie, ar putea să mi se îmbolnăvească copii, ar putea să îmi moară cineva drag sau ar putea să cadă un meteorit pe Pământ, așa cum au prezis „adepții apocalipsei anului 2012". O, Dumnezeule! Mă gândesc la un plan de rezervă, dacă s-ar întâmpla o catastrofa naturală: îmi desființez depozitele din bancă, îmi fac provizii și mă retrag în munți. (Mă opresc aici, deoarece e ridicol să detaliez toate scenariile.)

Gândindu-mă la ședința cu acționarii, nu am crezut că mă voi afla vreodată în această situație. Este un risc pe care mi l-am asumat când am acceptat să mă angajez într-un startup. Cine m-a pus să plec dintr-o corporație?

Răsfoiesc site-urile de joburi. Nimic conform criteriilor de căutare! Mai caut... tot nimic. Astăzi trebuia să primesc o ofertă de lucru în Germania, însă între timp poziția s-a desființat.

Ajung acasă plouat, mâhnit. Soția mă îmbrățișează. Rareș, unul din băieții mei gemeni, mă dojenește că am întârziat așa cum numai un copil poate să o facă în inocența lui:

— *De ce nu mergem la bunica?*

— *Păi, Rareș acum nu avem bani...* îi spun eu gândind-mă că trebuie să îmi pun bani deoparte pentru catastrofa ce are să urmeze...

Cum să îi explic unui copil de patru ani că nu putem merge la bunica lui tocmai acum în mijlocul săptămânii când e pe cale să îmi pierd jobul?

— *Ba da! Mergem la bunica! Și ar trebui să mergi și tu!* continuă Rareș.

— *Bine,* îi răspund. *Vrei să mergem la bunica? Dar știi că bunica stă la 400 km distanță? Nu putem merge acolo, în momentul acesta.*

— *Ba da putem. Nu trebuie să te mai duci la serviciu*, îmi explică el cu cuvinte stâlcite.

Câtă dreptate are... îmi zic. Oare de ce nu m-am gândit până acum la lucrul asta? Ascult cu atenție la cuvintele fiului meu, ca fiind rostite din gura unui profet: Îmi spune că eu ar trebui să lucrez de acasă și să stau la bunica...

Asta e! O să îmi deschid o mică afacere în alt oraș. Toate lucrurile par să aibă sens. Însă, Mihai celălalt băiat al meu, se apucă de plâns:

— *Vreau acum la bunica...*

O iarăși... o luăm de la capăt!

Mihai avu răbdare să îmi explice el cum o să realizăm asta: Mi-a spus să fac o gaură în **iPhone**-ul meu, să intru prin ea, împreună cu fratele său, în așa fel încât să ajungem instant la bunica, ca atunci când vorbim la telefon... Adică să creeze un soi de ușa de teleportare între două locuri la distanță.

Într-adevăr, cât de minunat ar fi dacă ar fi posibil acest lucru! Păcat că **Steve Jobs** nu s-a gândit la o asemenea funcționalitate...

O zi despre nimic altceva decât VIAȚĂ

[Log personal. 31 Octombrie 2012]

Ora 9:00. În bucătărie. Trei oameni bând cafea:

— *Eu nu înțeleg cum ești atât de liniștit când știi că o să ne dea pe toți afară? Cum reușești să nu te afecteze serviciul?*... mă întreabă managerul echipei de R&D.

— *Nu știu, pur și simplu sunt obișnuit cu stresul*, mint eu cu nerușinare.

— *Eu visez și noaptea proiectul ăsta și mă gândesc la o soluție!* continuă el.

— *Poate că vei nota și soluția prin somn!* îl îndemnă, cu o ușoară ironie, COO-ul.

Apare la cafea un al patru-lea om. Mă trage deoparte și îmi spune:

— *Știi funcționalitatea aia care mi-ai dat să o implementez? Ei bine, e o porcărie! Din ce cauză am face noi asta?*

Urmează 30 minute de dezbateri, alte de 30 de minute de convingere, o oră întreagă pentru a convinge un singur om despre importanța unei blestemate de funcționalități. Dacă aș pierde în fiecare zi o oră cu fiecare să îi explic motivul pentru care trebuie să facă ceea ce face, ajung la nebuni, însă face parte din jobul meu: să ofer viziune. După o oră de discuții îmi spune:

— *Mie personal, tot o porcărie mi se pare funcționalitatea asta...*

— *Atunci nu îl mai facem!* îl liniștește COO-ul.

Conform COO-ului, a elimina o funcționalitate este cea mai „eficientă" metodă de a simplifica un produs...

Citesc ultimele emailuri rămase pe ziua de azi. Printre ele un email de rămas bun de la unul din cei mai buni consultanți IT ai companiei mamă, care își anunță demisia bucuros... În ultimele două zile, au fost cel puțin șase emailuri de „rămas bun" de acest gen, care par să spună:

— *Fugiți cât mai puteți! Părăsiți corabia! Vasul se scufundă...*

COO-ul consideră aceste mesaje făcând parte din „normalitate". Câțiva colegi mă întreabă disperați:

— *Care e treaba cu emailurile astea?*

— *Nu îți fă griji, nu cred o să ne afecteze și pe noi!* îl liniștesc eu. (La acel moment aveam informația că multe departamente vor fi desființate și de faptul că ni se pregătește o „surpriză" și anume: concedierea colectivă.)

Ora 16. Mi se face rău din senin și sunt nevoit să plec acasă.

Sună telefonul prietenului meu:

— *Soția mea tocmai a născut!*

Dintr-o dată am uitat de toate problemele personale:

— *Felicitări! Iată o veste bună pe ziua de azi!*

În fața miracolului nașterii, toate problemele, proiectele, frământările noastre personale par lipsite de importanță. O nouă ființă intră în ciclul celui mai important proiect din portofoliu omenirii: **proiectul VIEȚII**.

VIAȚA, așa cum o știm noi, este un proiect atipic, asemănător unui program suprem al umanității, la care lucram zi de zi, an de an, până când murim. În fața acestui proiect măreț al vieții, celelalte proiecte pălesc.

Deși nimeni încă nu îi cunoaște complet obiectivele acestui proiect grandios, toată lumea lucrează la el nestingherit, fără pauză. Este un miracol că un proiect de asemenea anvergură, care nu are **obiective definite**, se desfășoară de miliarde de ani fără întrerupere.

Câte din proiectele la care lucrați ar putea rezista în fața **Timpului** așa cum o face proiectul **VIEȚII** însuși? De aceea, în fața proiectului numit **VIAȚĂ** mă închin!

Timpuri noi

Din spatele pereților biroului de sticlă al șefului cel mare se aud răcnete de leu. Trag cu ochiul la „cușca" cea mare și îl văd pe CEO disperat. Vorbește la telefon cu unul din partenerii noștri de afaceri. Încearcă să îi explice modelul nostru de business. Gesticulează cu mâi-nile, trântește hârtii, râde isteric! Mimica lui trece de la agonie la extaz. Dacă mai pun la socoteală că la celălalt capăt al firului se află un om din categoria **Experților**, discuția poate deveni una foarte interesantă... Îmi imaginez că nici unul din ei nu înțelege despre ce e vorba și probabil unul din ei va ceda nervos terminând brusc conversația, cu o înjurătură...

CEO-ul închide telefonul și se afundă din nou în teancuri de hârtii și planuri. Este negru de mânie, transpirat și bătrân. Nu a obținut nimic! În fiecare zi pierdem alți și alți parteneri. Îmbătrânit înainte de vreme, erodat de conflicte și de eșecuri, regele leu e înfrânt! Ceea ce i se întâmplă lui se întâmplă multor lideri ai zilelor noastre. Este un status quo al managerului modern: sunt mii de manageri care în acest moment duc o luptă între viață și moarte pentru a evita falimentul companiei lor.

Situația financiară a firmei noastre a devenit disperată. CEO-ul se agață de orice contract, de orice partener, de orice oportunitate. Dacă în urmă cu câteva luni, el nu se gândea să negocieze decât cu marile companii de petrol și FMCG, acum ar fi dispus să negocieze cu orice retailer de la colțul blocului sau cu alte companii aflate în aceeași situație ca și noi. Nici relațiile și nici experiența celor 25 de ani de Marketing nu îi sunt de folos CEO-ului. Toți partenerii mari cu care am încercat să încheiem contracte ne refuză politicos: *E genial! Extraordinar! Sunteți primii care v-ați gândit la asta! Ne băgam... însă peste șase luni după ce demonstrați că funcționează... cu alții...*

Suntem un startup în derivă. În fiecare zi, ducem o luptă de supraviețuire, o luptă cu vremurile în care trăim. Trăim în era fastfood: muncim mult, trăim la viteza mare, ardem repede și nu avem timp să ne oprim pentru a contempla munca noastră.

De multe ori m-am grăbit să judec oamenii doar după rezultatele lor, uitând că cele mai importante lucruri în viață nu sunt eșecul sau succesul, ci lupta însăși. Omul este sortit eșecului mai devreme sau mai târziu. La sfârșitul vieții, un manager ajunge să fie doar o movilă de carne și oase; apropiații vor spune: *A fost un om bun...* Oamenii, mari sau mici, suntem supuși aceluiași sfârșit, iar singurul lucru care ne rămâne de făcut este lupta pentru a evita moartea sau eșecul.

Steve Jobs, în discursul de deschidere a anului universitar de la Stanford, spunea despre moarte și eșec următoarele:

Amintindu-mi că voi muri, e cea mai puternică unealtă care m-a ajutat să iau decizii importante în viață. Deoarece totul... mândria, rușinea, frica de eșec, toate acestea pălesc în fața morții, rămânând doar acele lucruri care sunt cu adevărat importante. Amintindu-ți că vei muri este cel mai bun mod de a evita capcana de a crede că ai ceva cu adevărat de pierdut. În fața morții, ești gol. Nu este nici un motiv pentru care să nu iți urmezi inima. (Steve Jobs, în 2005, la Stanford).

Capitole Recomandate: **O zi din viața unui Product Manager**.

Cine sunt Experții?

Am menționat de multe ori termenul **Expert** în aceasta carte iar acum voi da și o explicație asupra semnificației. CEO-ul angajase o echipă de așa ziși „Experți" în Marketing și Sales cu scopul de a oferi consultanță comitetului de conducere al companiei. **Experții** sunt amici de-o viață sau foști angajați ai CEO-ului din alte companii, cu o pregătire îndoielnică, cu experiență limitată în marketing IT (F-Startup avea în portofoliu de activitate o combinație de programe IT și Technical Marketing). Această trupă de „șoc" era aruncată în lupta negocierilor cu partenerii de afaceri sau cu acționarii atunci când CEO-ul voia să își justifice deciziile folosindu-se de analiza „expert".

De ce există Experții în F-Startup?

Din același motiv pentru care există și prietenii. În **F-Startup**, un **Expert** este fie prieten, amic, partener de afaceri sau prieten al prietenilor celor din conducere. Când prietenii managerilor de top au nevoie de o slujbă, aceștia primesc un rol de **Expert** în companie. De asemenea, prestatorii externi de servicii erau tot persoane din categoria „**Experților**".

Topologii de Experți în F-Startup

În startup-ul nostru există câteva tipologii de **Experți**: Vânză-torul, omul cu Relațiile Publice, omul cu Cercetare de Piață, omul de Marketing.

Expertul în Vânzări (Salesman): le știe pe toate, mai puțin cum să vândă. Glumește mult, în schimb nu îi plac glumelor pe seama lui. Acordă o atenție sporită pentru sexul opus. Spune „da", înainte chiar de a-l întreba ceva. Cunoaște limbajul de cartier, pe care îl folosește și în discuțiile de afaceri. El poate vinde orice, mai puțin serviciile companiei noastre.

Expertul de tip Relații Publice (PR) este omul care le-am făcut pe toate la viața lui, le știe pe toate și într-o dezbatere în con-tradictoriu, se folosește întotdeauna de argumentul suprem: *experiența mea unică îmi dă dreptate*. Ca un om „adevărat" de PR, vorbește puțin. E calm. Mereu e neutru. Orice conflict îl aplanează prin neimplicare. În relație cu partenerii de afaceri, îi place să înflo-rească și să spună lucruri pe care nici el nu le crede. Are propria lui afacere, iar jobul actual îl face doar ca pe un hobby. Nu îl vezi nicio-dată muncind și orice e legat de muncă, sigur nu are legătura cu rolul lui, deoarece PR în viziunea lui „ține mai mult de vorbărie de-cât de munca propriu zisă". Dacă totuși este forțat să muncească, contrar așteptării lui, se îmbolnăvește instant sau dispare cu orele de la lucru invocând motivul: *Nu sunt suficient de bine plătit pentru un astfel de job*. Expertul de tip PR este multilateral dezvoltat și poate îndeplini în paralel mai multe roluri: Legal Expert,

Marketeer, User Experience Designer, Business Developer, Salesman, dar pe nici unul nu îl face cum trebuie. Atunci când nu îi iese treaba, întotdeauna găsește vinovați.

Expertul de Cercetare de Piață (Customer Researcher) este altruist, de aceea este de departe cel mai simpatic dintre **Experți**. Face de toate, la fel ca ceilalți **Experți**, dar mai puțin ceea ce ar trebui să facă el: cercetare de piață. Ia notițe ca o secretară ascultătoare la toate ședințele și nu ratează nici un cuvânt din ședința de dimineață. Este ușor manipulabil iar din acest motiv este foarte apreciat de către superiorii lui. Îi place munca de Designer, Grafician, User Experience Designer mai mult decât cea de Customer Researcher, încât pare că și-a ales complet greșit cariera. Cuvântul „priorități" nu are pentru el nici o semnificație fiind doar un alt cuvânt din dicționar care începe cu litera „P". În calitate de protejat al CEO-ului, are tendința de a fi indisciplinat și de a-și depăși atribuțiile dictând altora cum să-și facă treaba: *Toată lumea face așa! Și noi o să facem așa! Știu eu mai bine!*. Din fericire, nimeni nu îl ia în serios, iar asta îl face foarte simpatic.

Expertul în Marketing este o „ea". Ea este mereu dezorientată. Singurul punct de echilibru din viața ei este Facebook-ul pe care îl explorează cu frenezie. Orice întrebare de Marketing o ia prin surprindere. Singurele cunoștințe pe care le are în Online Marketing sunt Facebook și Google Analytics, pe care le folosește la nivel de începător. Din fericire ea are un spirit tânăr, e boemă, nu o interesează nimic și nimeni, nu deranjează pe nimeni, iar atunci când nu se implică în nimic, compania parcă funcționează mai bine.

Manifestul Experților

În **F-Startup**, noțiunea de **Expert** se aseamănă mai degrabă cu un manifest împotriva logicii:

Un Expert poate fi orice om cu câteva luni experiență în domeniu, deoarece sunt luați în calcul și cei 25 de ani de experiență de viață.

sau

Orice om care are cont de Facebook e considerat **Expert** în Rețele Sociale și Comunicare.

sau

Orice om care folosește Google Analytics este **Expert** în Cercetare de Piață și Marketing Online

sau

Orice prieten sau fost angajat al unui superior din top management este **Expert**.

Atenție! Se fac concedieri!

[Log personal. 14 Noiembrie 2012]

9:00 AM. Cel mai „plăcut" mod de a-ți începe ziua de lucru este să primești următorul email: *Acționarii companiei au decis demisia a 109 angajați* (n.a. adică aproape toți angajații). *Conducerea companiei va face tot posibilul ca să găsească soluții și oportunități de angajare pentru angajații care au fost concediați.* Și asta a fost toata povestea holdingului nostru.

— *Nu vă faceți griji!* ni se spune. *Semnați că ați luat la cunoștință în legătura cu demisia voastră colectivă.*

— *Nu vom mai fi colegi, nu?* Întreabă în glumă unul din membri echipei subcontractate.

— *Niciodată nu am fost colegi!* răspunde trist unul din angajații noștri care abia se angajase de câteva luni.

Project Manager-ul echipei de dezvoltare părea foarte îngrijorat. Îl iau deoparte și îl liniștesc printr-o explicație pe care nici eu nu o cred:

— *Nu știi că așa se procedează și în alte companii? Uită-te la companiile care fac outsourcing? Noi vom fi preluați de* **F-Startup** *în acte. Ne mutăm pe alt centru de cost...*

Nici eu nu mai cred ceea ce spun, însă încerc să îmi calmez oamenii:

— *Soarta companiei noastre depinde acum numai de noi. Dacă noi mergem bine, vom salva totul!*

— *Bănuiesc că ești conștient că nu numai de noi depinde totul... Chiar dacă noi ne facem treaba bine, succesul companiei depinde și de cei de la Marketing și Vânzări!* îmi reamintește unul din arhitecții echipei de dezvoltare.

Am dat din cap trist în semn de aprobare, gândindu-mă la echipa „teribilă" de **Experți** în Marketing și Sales.

Știrea concedierii colective a fost dezastruoasă: cu toții am simțit „corabia" noastră în flăcări. Conflictele au izbucnit subit. Unul dintre cei mai experimentați arhitecți subcontractați, auzind vestea cea mare, nu își mai făcuse apariția la serviciu. Inițial a lăsat o notă managerului lui că vrea să lucreze de acasă pentru că s-a îmbolnăvit. Inevitabil l-am întrebat pe managerul lui: *Ori e bolnav, ori lucrează?*

În următoarele zile, situația lui s-a lămurit... omul nu mai voia să lucreze pentru noi, deoarece avusese o altercație copilărească cu unul din șefii echipei de R&D, căruia i se spunea „Regele", iar anunțul demisiei colective l-a determinat să plece definitiv. Motivul certii fusese copilăresc. Imaginați-vă doi oameni maturi de 35-40 ani, care se ceartă ca doi copii pe codul sursă: *Nu eu am scris asta! Cum nu ai scris asta, dacă a fost urcat de tine pe server acum o lună?!*

Înainte ca situația să degenereze într-o bătaie zdravănă i-am despărțit cu forța. Unul din ei s-a îmbolnăvit subit, de nervi, a plecat acasă și de atunci plecat a fost. Oamenii l-au acuzat pe „Rege" de pierderea unui om, însă problema fusese cauzată de situația tensionată din companie.

Chiar dacă compania mama a falimentat, acționarii au decis să continue investiția în **F-Startup**, însă fără un suport financiar din partea unui partener mare, zilele noastre sunt numărate.

Pregătirea de lansare

Oamenii s-au obişnuit cu ideea că suntem în pragul falimentului. Unii strigă în gura mare ca îşi depun CV-ul public, alţii tipă isterici că nu îi mai interesează munca pe care o fac, alţii au muţit de frică că vor fi concediaţi. Mă aştept ca în următoarele luni, să rămânem fără angajaţi. În ciuda haosului existent, unii oameni încă lucrează cu multă abnegaţie. Mă simt responsabil să îi încurajez:

— Sunteţi cea mai bună echipă cu care am lucrat, iar în ciuda condiţiilor de muncă grele aţi dat tot cât aţi putut. Sunteţi admirabili!

După o zi grea de muncă, plec acasă îngândurat. Când ajung în casă mă întâmpină mare veselie: copiii mei sar pe mine, mă trag de păr, mă îmbrăţişează cu drag. Îmi dau seama cât le-am lipsit şi cât de puţin timp le-am acordat în ultimele luni. Fac eforturi să uit totul şi să mă deconectez. Beau o bere, apoi încă una, apoi alta, apoi vin, apoi coniac... apoi le amestec. Şi dintr-o dată uit de toate problemele de serviciu. Alerg prin casă jucându-mă cu copiii mei, într-o goană nebună în a scapă de griji şi de gânduri. În iureşul acela, îmi vine o idee teribilă: mâine voi lipi pe peretele biroului meu un poster mare pe care voi scrie mesajul navetei Enterprise din Star Trek: *To boldly go where no man has gone before.*

Soția mea râde:

— *Și atunci când acționarii or să vina să le prezinți produsul le arăți o pancartă pe care scrie: Live long and prosper!*

Râdem împreună de ne prăpădim. Apoi îmi pun pălăria mea neagră pe cap, pe care o port de obicei în ședințele cu cei de la Marketing (porecla de **Black Hat** mi-o dăduse CEO-ul relativ la conceptul **The Six Thinking Hats**), cu un pistol în mână și cu o minge de fotbal la picior continui distrugerea casei. După ce obosesc, merg la geam și exclam:

— *Copii! Priviți stelele! Vedeți, acolo zboară nava noastră spațială Enterprise.*

— *Daaaaaa!* strigă ei bucuroși.

Mai beau un pahar de vin și îmi notez ultimele idei pentru prezentarea de mâine. Nu am de gând să las pe nimeni și nimic să îmi strice marea lansare!

Marea lansare

[Log personal. 16 Noiembrie 2012]

Este vineri, ziua marii lansări. Ajung la ora 8 la serviciu. Sunt singurul om din toată clădirea. Îmi beau liniştit cafeaua, trimit emailuri, fac ultimele pregătiri pentru lansarea produsului. Deşi venisem cu cel puţin o oră înaintea tuturor, întârzii cinci minute la şedinţa de dimineaţă. Încep prezentarea. „Cei patru lupi răi" din board (haita de **Experţi**) abia aşteaptă să fac prima greşeală şi să mă sfâşie de viu. Spre surpriza mea nu remarcaseră nici o greşeală în prezentarea mea (deşi aceasta conţinea câteva erori). Primele remarci pe care le primesc sunt: *De ce sunt culorile aşa?*, *De ce e aşa designul şi nu e altfel?*, *Am văzut produse mai bune de atât*, *De ce avem greşeli de text în aplicaţie?*. Remarcile lor sunt stupide, ceea ce e bine pentru că nu trebuie să ripostez. COO-ul, singurul om care putea înţelege constrângerile de resurse şi timp pe care le-am întâmpinat la dezvoltarea produsului, în loc să îmi ia apărarea, tăcu şi lasă să se înţeleagă ca el nu are nici cea mai mică implicare în toată povestea asta.

La sfârşitul prezentării, vorbim despre parteneri şi vânzări. CEO-ul tratează fugitiv subiectul pentru a nu pune în situaţii jenante gaşca lui de **Experţi** care nu reuşise să încheie nici un contract în ultima jumătate de an...

La nici trei ore după terminarea ședinței, CEO-ul mă convoacă la o noua ședință de prezentare a produsului. Cum? A înnebunit lupul? Cum să îi explic omului ca de la prima ședință până acum nu s-a schimbat nimic? În cele din urmă îmi vine o idee: hai să aduc în ședință pe unul din cei mai experimentați arhitecți software, gândindu-mă că CEO-ul nu va avea tupeu să ne atace pe amândoi mai ales în discuțiile tehnice. Ideea a fost bună, cu o singură excepție: invitatul meu din echipa de dezvoltare a fost cât pe ce să se ia la bătaie cu blonda de la Marketing și să sară la gâtul **Expertului** de PR. La final, colegul meu a rămas șocat de *cât de anormale sunt ședințele din board* și și-a întărit ideea ca *este condus de niște tâmpiți.* Deși am ieșit basma curata din ședință, mi-am dat seama că am greșit invitându-l în ședință. Întâmplarea a iscat o serie de glume în toata compania la adresa conducerii noastre imature și a faptului ca *suntem condamnați la faliment.*

În lumina acestor fapte, CEO-ul a amânat marea lansare și a concluzionat:

— *Deși astăzi, vineri 16 noiembrie, era ziua marii noastre lansări, consider că este de rău augur să lansăm acest produs vineri, înainte de weekend, când toata lumea e plecată în concediu... Mai mult, de acum înainte, toate lansările nu se vor mai face niciodată în zilele de vineri. Marea lansare se amână pe luni!* (n.a. CEO nu a apărut luni la serviciu și lansarea noastră s-a amânat pe o perioadă nedefinită).

Prima ninsoare

[Log personal. 13 Decembrie 2012].

Astăzi a început să ningă pentru prima oară în acest an. Ninge atât de abundent încât nu vezi la câțiva metri distanță. Mașina mea stă sub un morman de zăpadă. Străzile sunt înfundate, transportul în comun este blocat.

Cu mare efort, ajung la serviciu, înotând prin zăpadă și sloiuri de gheață. Aproape uitasem cum arată o iarnă grea. Un anotimp perfect pentru schi, vin fiert, țuică fiartă și foc de tabără. Miroase a vacanță, totuși nu mă pot gândi încă la vacanță. La serviciu am de lucru de nu îmi văd capul. Nu știu cum se întâmplă ca în fiecare an, fix înainte de Sărbători, am mai mult de lucru decât în restul anului.

Am o întâlnire cu echipa de management la ora 9:30. Zăpada a blocat traficul întregului oraș și nimeni în afara de mine nu a ajuns încă la birou. Ședința se amână cu o oră. Aștept cu „nerăbdare" să mă iau de **Expertul** în Vânzări, care zilele trecute trimisese informații greșite despre platforma noastră unui partener de afaceri. CEO-ul a tratat cu multă superficialitate gafa lui, argumentând ca totul a fost o „glumă". O glumă care ne-ar fi pus în postura de a nu ne putea onora promisiunile și implicit la pierderea parteneriatului.

În încercarea de a corecta greșeala Expertului, cu o zi înainte m-am întâlnit cu reprezentatul companiei partenere pentru a-i clarifica detaliile tehnice contractuale.

11:00 AM. Începem ședința. CEO-ul care știa povestea cu „informațiile greșite" mă întâmpină surprinzător de relaxat și luminos:

— *De ce te-ai întâlnit cu clientul? Acum, dacă partenerul nu semnează, e vina ta. De ce ai încercat să repari greșeala? Am fost 100% sigur că vei face asta. A fost un test să văd dacă într-adevăr te întâlnești cu clientul. Dar acum că te-ai băgat, este responsabilitatea ta. Dacă pierdem contractul te concediez.* Gașca de **Experți** jubila.

Mai târziu, am înțeles că acea „eroare" fusese orchestrată de Directorul de Vânzări în înțelegere cu CEO-ul. Ei promiseseră marea cu sarea clientului doar ca să semneze un contract. Dacă echipa pe care eu o conduceam nu reușea să satisfacă termenii contractului, ei puteau să dea vina pe mine pentru eșecul lor.

Am ieșit nervos din ședință. Afară, ninsoarea se oprise. Orașul de o frumusețe stranie, încremenise. Dușul rece pe care tocmai îl primisem mă făcuse să uit de frumusețea iernii. Colegii mei m-au invitat în parc la o bătaie cu bulgări, însă îi refuz. Ziua de azi m-a făcut să detest prima zăpadă.

Sărbători fericite!

[Log personal. 20 Decembrie 2012]

Afară ninge cu fulgi mari. Sunt doar șase oameni în toata firma. Ascultăm colinde pe YouTube. Toată lumea e într-o stare de visare. Nimic nu ne perturbă, discutăm, glumim, totul e calm, totul e alb, exact ca în cântecele de Crăciun. Astăzi ne despărțim de o parte din echipa de dezvoltatori subcontractați, cărora nu li s-au mai prelungit contractele. Câțiva ingineri își depun CV-uri pe site-urile de joburi, alți câțiva sunt chemați să își semneze demisiile...

Probabil că pe mulți i-ar surprinde atmosfera de lucru din cadrul firmei noastre. Însă noi ne vedem de treabă ca și cum nimic nu s-ar fi întâmplat. Schimbăm opinii asupra lucrurilor care au fost bune și care au fost rele în **F-Startup**. Am putea scrie o carte despre ce **NU** trebuie să faci într-un startup, pornind exact de la cazul nostru. Totuși în ciuda eșecului, startup-ul nostru a lăsat în urma multe amintiri plăcute și o frumoasă familie.

La finalul zilei, ne strângem mâinile cu regret și ne urăm succes. Sărbători Fericite!

Când în afaceri logica eșuează

[Log personal. 20 Ianuarie 2013]

Simon Sinek, autorul cărții *Start with Why?*, folosind conceptul „Cercul de Aur" („Golden Circle"= „De ce? Cum? Ce?") explică motivul pentru care unii oameni au succes, iar alții nu. În afaceri, ca și în viața personală, pentru a reuși, trebuie întotdeauna să începem cu întrebarea: *De ce?, De ce facem ceea ce facem? De ce existam noi ca afacere? De ce anumiți oameni au reușit să schimbe lumea, iar noi nu?*

Teoria lui Simon caută răspunsuri dinspre interior spre exterior, de la motivație, la conținut și nu invers. În prezentarea TED: *Cum pot marii lideri să inspire?*, Simon Sinek prezinta felul cum gândesc marii lideri, ce fac diferit și care e motivația acțiunilor lor.

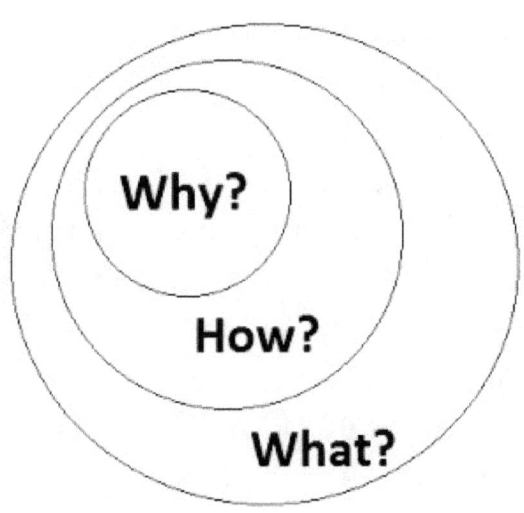

Compania noastră, **F-Startup**, aflată într-un declin continuu, încearcă din răsputeri să găsească soluții la problema care ne frământă și anume: vânzările. De aproape jumătate de an, noi nu încheiasem nici un contract cu nici un partener, nu vândusem nici un produs, iar pierderile continuau să crească. Acționarii deveniseră crispați, iar echipa de Vânzări și Marketing neputincioasă.

Deși soluția potrivită era înlocuirea echipei de Vânzări și Marketing, CEO-ul a preferat să nu renunțe la echipa lui de **Experți** și să aștepte un „miracol" venit din partea departamentului de cercetare și dezvoltare. Deciziile pe care le luase CEO-ul în ultimele șase luni fuseseră iraționale, justificate doar prin afirmații de genul: *Because I said so! Crede-mă, am 25 de ani experiență în Marketing… Fă-o așa cum spun!* nicidecum pe o analiză rațională a opțiunilor. La un moment dat, CEO-ul a decis să schimbe strategia de promovare, dar să mențină modelul de afaceri original, iar drept rezultat a fost ca strategia de Marketing nu a mai putut susține modelul definit inițial: Modelul de afaceri ne definea ca o companie de nișă care oferă servicii și produse unice dedicate consumatorilor finali (B2C), platforma era destinată consumatorilor finali, iar noua strategie de marketing ne poziționă principal ca un furnizor de servicii B2B (dedicate companiilor). Această decizie ne-a transformat dintr-o companie de nișă pentru consumatori finali într-o companie oarecare care oferă servicii de online marketing de tip Enterprise, una dintre miile de companii existente pe piață care oferă servicii similare de marketing digital. Din cauza acestei schimbări majore de strategie, platforma pe care o dezvoltăm noi devine nepotrivită.

Cu toții simțeam ca direcția de Marketing în care ne îndreptam e greșită, însă putini aveau curajul să o spună deschis. Întrebarea fundamentală căreia nu îi găsisem încă un răspuns rămâne: *De ce ne-am depărtat de la planul inițial? De ce continuam în direcția greșită?*

Deși CEO-ul știa ce riscuri implica schimbarea strategiei de Marketing, îi plăcea să creadă ca suntem pe direcția cea bună și că singurele piese din puzzle-ul nostru sunt doar răspunsurile la întrebările: *Cum facem să ne diferențiem? Ce putem îmbunătăți?*

În speranța de a găsi o soluție miraculoasă pentru situația delicată în care ne aflam, CEO-ul ne invitase în sala de ședințe să urmărim prezentarea video: *Cum pot marii lideri să inspire?* a lui Simon Sinek. Filmul a stârnit entuziasm și emoție în sufletele tuturor. La sfârșit, CEO-ul a spus emoționat:

— Acesta este o prezentare care mă inspiră! As vrea ca să vă gândiți ce anume trebuie să schimbăm în modul nostru de gândire, pentru a ajunge la acest tip de mindset. As vrea ca fiecare din voi să își aloce timp de gândire pentru a răspunde la întrebările: cum să facem lucrurile mai bine, pornind de la ceea ce avem? Ce trebuie schimbat?

Cu toate ca fuseserăm de acord ca întrebările pe care trebuie să ni le punem încep cu „De ce?", la finalul ședinței, discuțiile noastre se învârteau tot în jurul „Cum?" și „Ce?". Sincer pentru mine nu este clar ce înseamnă cum și ce, deoarece eu nu cred în acel „De ce?"… Nu cred ca obiectivele strategice pe care ni le-am asumat sunt aliniate la modelul nostru de business inițial.

— *Bine, toată lumea știe* **ce** *are de făcut! Get it done! You lead!* ordonă CEO.

Se pare că întrebările de tipul: „**De ce?**" par să stârnească multe alte întrebări incomode, întrucât pătrund în miezul problemei, în esență. Dacă esența lucrurilor este „îndoielnică", atunci oamenii preferă să găsească justificări pentru ceea **ce** fac și **cum** fac, fără a se întreba **de ce** fac ceea ce fac?

În afaceri, deși oamenii înțeleg logica conceptului „Golden Circle" și importanța răspunsului la întrebarea „**De Ce?**", atunci când sunt puși în postura de a justifica deciziile și acțiunile lor, pur și simplu, mintea lor refuza să o facă. În afaceri, logica eșuează!

Citește mai departe: **Povestea unei minți furtunoase.**

[Log personal. 24 Ianuarie 2013]

Ora 10:30. Membrii din comitetul de conducere își ocupă liniștit locurile în sala de ședințe. Fiecare își pregătește tacticos caietele de notițe și pixurile pentru sesiunea de brainstorming pe care CEO-ul a convocat-o cu câteva zile în urmă. Toată lumea știe regulile: *nu există idei proaste sau rele, ci doar idei.*

— Dragilor, ne-am adunat pentru a propune noi metode de a aduce un număr mai mare de utilizatori în rețeaua de socializare și de a găsi noi metode de a atrage retailerii în programul nostru de loialitate.

Așadar astea fiind zise, toată lumea a trecut la treabă.

Primul **Expert**: *— Să aducem în schema programului de loializare cabinetele de medicină veterinară!*

— Medicina veterinară...Dar nu numai... ci și medicină tradițională, de familie, farmaciile etc. La câți oameni bolnavi nu sunt în ziua de azi, putem face o listă destul de mărișoară...

— Da, chiar ne uităm în jurul nostru și vedem...oameni bolnavi! adaugă CEO-ul aruncând o privire hâtră tuturor invitaților.

— *Domnilor: Ce spuneți de: case din lemn, mobilier, electro-casnice, mâncare, mâncare bio?*

Unul din **Experți** (Vânzătorul), care în timpul lui liber e mai mult beat decât treaz, adăugă:

— *Vinuri, dar nu orice fel de vinuri, ci vin de la țărani. Din ăla la pet...* Toți căscară ochii, dar **Expertul** continuă: *Mulți îl preferă pe ăla neîmbuteliat, direct de la producător.*

— *Produse agricole, utilaje, servicii auto, jucării pentru copii, produse cosmetice, lenjerie intimă, accesorii damă, etc.*

Credeam că colectasem cam toate produsele și serviciile pe care le puteam promova prin platforma noastră și ne-am oprit mulțumiți.

— *Continuați, continuați... nu vă opriți!* ne îndemnă CEO-ul.

Cu toții ne-am uitat unul la altul pentru că epuizasem cam toate cuvintele din vocabularul nostru de bază și nu mai aveam idei. În sală se făcu liniște. Ca să rupă tăcerea unul din **Experți** (omul care se ocupa cu studiul consumatorilor) veni o idee:

— *Vă propun o temă de gândire: presupunem că avem o cără-midă... Ce putem face cu ea?*

— *Păi, să construim o casă, să facem un zid, să o facem bucăți, etc.*

— Şi ce mai putem face? Continuaţi, continuaţi...nu vă opriţi! Aminti-vă nu există idee proastă sau bună, există doar idei...

Când noi, cei din sală, am văzut că nu exista reguli în ceea ce priveşte „cărămida", am început:

— Cu o cărămidă putem să dăm cuiva în cap!

— Putem să o colorăm...

— Să facem o umbrelă. (Să facem o umbrelă din cărămidă?!)

Cu toţii am rămas şocaţi, însă CEO-ul părea foarte interesat de posibilitatea de a face o umbrelă dintr-o cărămidă (probabil gândindu-se la replicatorul din Star Trek) şi a făcut semn să continue celui căruia îi venise ideea. Având permisiunea CEO-ului, **Expertul** căruia îi venise idea cu cărămidă s-a dezlănţuit:

— Dintr-o cărămidă putem face un mărţişor. Vine acuşi sezonul mărţişoarelor, o pană, o pasăre... şi frenezia a continuat cu o linie unică de produse derivate din cărămidă: arme, produse IT, pagini web...

(Din gura **Expertului** păreau ca ies flăcări, nu cuvinte...)

Ajunsesem să notăm o lista uriaşă cu aproape toate categoriile de produse existente sau inexistente pe acest Pământ. La final, nu numai că în capul nostru era o furtună de idei, ci gândirea însăși rămăsese răvășită ca după un taifun de grad 12 pe scara Beaufort.

Și tocmai când credeam că isteria s-a terminat, **Experta** de Marketing a venit cu o idee și mai „strașnică":

— *Botezuri, nunti, servicii funerare.*

— *Genial,* replica CEO-ul.

— *Cum?* am întrebat eu în surdină. *Servicii funerarii, îmbălsă- mări, glumiți nu? Pentru numele lui D-zeu suntem o rețea de socializare. Vream să oferim o experiență unică de cumpărături și noi îngropăm morții?*

— *Da. Desigur! Hai să continuam. Altceva...* sugeră CEO-ul.

— *Bijuterii de argint...* (De aur, de nichel, de platină, de cupru continuând cu toate elementele din tabelul periodic a lui Mendeleev și terminând cu metalele grele radioactive... din care să facem un lănțișor finuț din uraniu, numai bun de pus la gât.)

Am zâmbit amar. Perspectiva acestor discuții m-au înspăimân- tat: Cum am ajuns să lucrez cu oamenii ăștia? Cum o să reușim noi să vindem ceva? Brainstorming-ul a reprezentat pentru mine „un omagiu" adus neputinței noastre de a vinde.

O ultimă mutare

[Log personal. 12 Februarie 2012]

Ora 9 AM. *-Vorbește cu oamenii tăi să își împacheteze lucrurile. Ne mutăm jos, la etajul al doilea!* îmi spune CEO-ul.

Pentru mine, această mutare e cea de-a 7-a într-un singur an.

— *Iar ne mutăm? Tocmai ce ne mutasem la începutul lunii...* întreb CEO-ul.

— *Da. Dar e ultima dată când ne mutăm... în plus, nu prea cred că avem de ales...*

Dar nu ne mutăm oriunde, ci în cel mai înghesuit spațiu de birouri din clădire, cel mai obscur și mai neaerisit. Doi cate doi la masă, abia încap patru monitoare mari în linie pe aceeași masă. Pentru echipa de R&D, un asemenea spațiu e ca un acvariu de apartament în care pui un rechin mare alb.

În schimb, echipa de **Experți** a fost mutată într-un loc mai mare, mai luminos și mai ferit de „ochii lumii". Dacă până acum nu știam mare lucru despre ce muncesc ei, parând că mereu stau degeaba, de acum încolo munca lor va deveni și mai „misterioasă". COO-ul, care venise un pic mai târziu la serviciu, a fost luat prin surprindere de mutare, găsindu-și lucrurile personale deja mutate pe alt birou.

În noul meu birou, nu mai am suficient loc unde să îmi pun planșele cu mesaje motivaționale. Încerc să le lipesc cu scotch de pereți și de geam. Pe unul din pereți, lipesc un certificat PMP (Project Management Professional), căreia îi modific descrierea: *Institutul de Menajerie de Proiecte. I se acordă toate onorurile persoanei care atinge această hârtie.* (ca ironie a felului cum facem noi managementul de proiecte în companie și ca replica dată COO-ului care considera că *managerii adevărați au în sânge managementul... se nasc cu el;* afirmație care m-a determinat mai târziu să scriu un capitol dedicat conceptului de „Management prin experimentare" sau „Leadership prin Experimentare" (în engleză **„Lead by Experimenting "**).

— *Nu mai lipi hârtii de pereți pentru că se ia varul!* îmi face observație COO-ul.

— *Crezi că mai contează acum pereții?*

După ce toată lumea s-a mutat la noile birouri, s-a așternut liniștea. Nimeni nu mai avea chef de glume sau să scoată vreo vorbă. Oamenii se simțeau în mod evident frustrați, fiind puși în situația ca la nici o lună de la ultima mutare, să își mute din nou lucrurile... Concluzie zilei de azi este că oamenii urăsc schimbările!

STARTUP

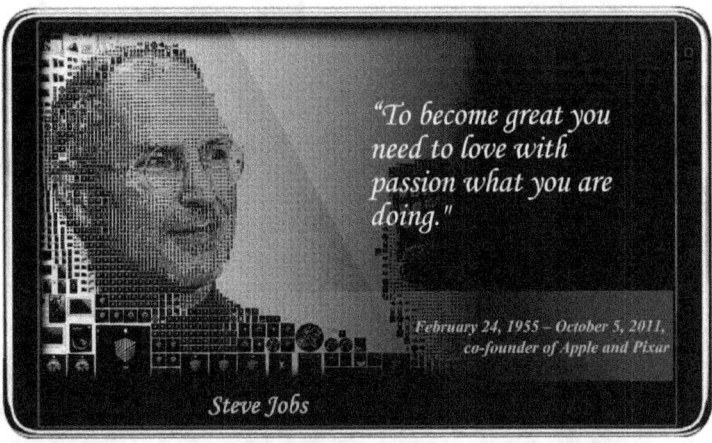

"To become great you need to love with passion what you are doing."

*February 24, 1955 – October 5, 2011,
co-founder of Apple and Pixar*

Steve Jobs

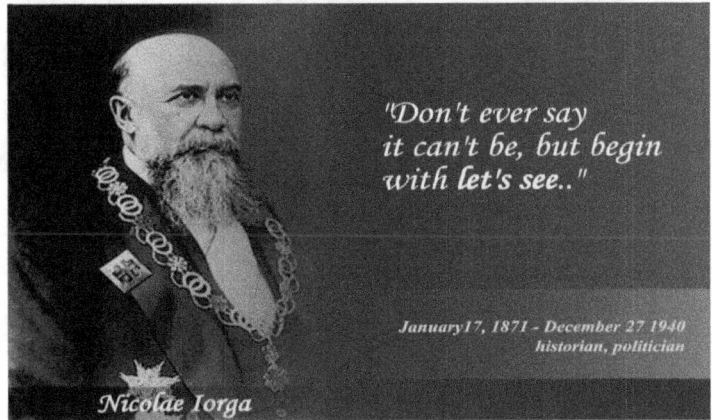

"Don't ever say it can't be, but begin with **let's see**.."

*January 17, 1871 - December 27 1940
historian, politician*

Nicolae Iorga

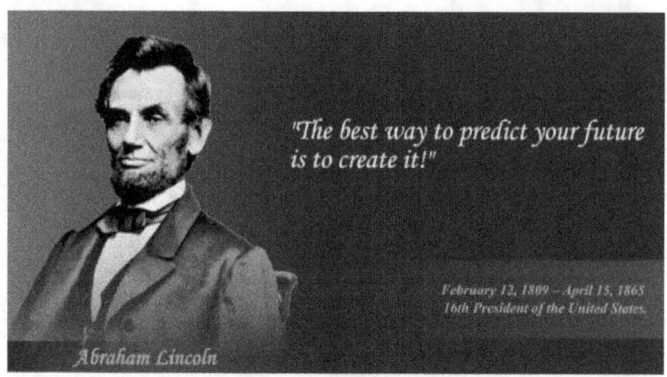

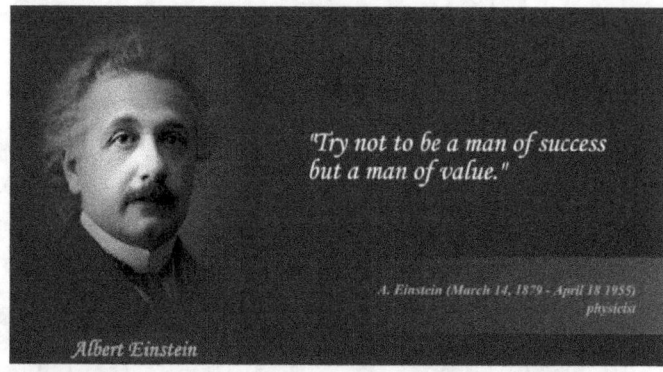

Călătoria se apropie de final

[Log personal. 20 Februarie 2013]

Evenimentele din ultimele trei luni, începând cu falimentul companiei mamă, concedierile colective, schimbarea contractelor de muncă a însemnat începutul sfârșitului startup-ului nostru. Colegul meu care se ocupa de partea de Project Management a anunțat astăzi că își va da demisia. După el au urmat alții.

În acest tumult, încă mai sunt oameni care își dau silința să muncească, dovedind un profesionalism desăvârșit. Oamenii pleacă, iar în locul lor rămâne un gol în inima mea. E o chestiune de timp până când vor pleca și ultimii „pirați", iar motorul companiei se va opri (n.a. denumirea de „pirați" a fost dată programatorilor din echipa de R&D care deveniseră rebeli și insubordonați în fața de superiorilor). Călătoria noastră se apropie de sfârșit.

Acum un an, COO-ul, foarte sigur pe el, m-a asigurat: *Nu îți face griji. O să am eu grijă să nu ne plece oamenii.* (Probabil ca la vremea aceea, stăteam pe o mină de aur). Acum, este inevitabil să pierdem toți oamenii. Motivul pentru care eu nu mi-am dat încă demisia este pentru că mai sper într-un miracol. În plus, dacă aș pleca, Experții ar face praf toată munca mea și nu aș suporta ideea asta.

Momentan, **F-Startup** arată ca un vas pe jumătate scufundat, înconjurat de rechini cât vezi cu ochii. Când ne vom scufunda de tot, în jurul nostru va fi un **Ocean Roșu** (vezi strategia **Blue Ocean vs**

Red Ocean). Voi rămâne pe catarg până când vasul se va scufunda complet. Dacă e să mor, atunci să fie odată cu nava mea...

Nu mai am nimic de pierdut

[Personal Log. 5 Martie 2013]

9:30 AM. Pe fiecare birou sunt așezate cereri de demisie.

— *Ce e asta?* întreb.

— *Demisiile voastre*, mă anunță COO-ul. *Hai vă rog să semnați demisiile, pentru că astăzi să le adun pe toate într-un dosar!*

Ce mod „minunat" de a-mi începe ziua!

— *Vom desființa contractele de muncă individuale și veți fi de acum persoane fizice autorizate. O să vedeți, o să fie mai avantajos...* spune vesel CEO-ul.

Hotărârea fusese atât de repede luată, încât nimeni nu a putut reacționa. Practic toți eram uimiți de ceea ce ni se întâmplă și singurul lucru pe care l-am putut face a fost să facem glume pe seama situației. Unul dintre colegi filmează toată scena. Se laudă că va urca videoclipul pe YouTube. Și dintr-o dată, totul se transformă într-o petrecere de semnare a demisiilor (asemănătoare cu cea de milestone party de la finalul unui proiect): care mai de care aruncă cu hârtii, ne dăm autografe unul altuia, facem poze lângă birouri cu demisiile în mână, în fine... o nebunie completă.

Project Managerul echipei de R&D, speriat de ceea ce se întâmplă, mă ia deoparte și mă întreabă nevinovat:

— *Cum poți fi atât de detașat de situația în care ne aflăm?*

— *Ce aș putea schimba? Vestea m-a luat pe nepregătite.*

— *Eu sincer te admir pentru că ai rezistat până acum! Să nu mai pun la socoteală câte insulte ai îndurat de la gașca de Experți.*

— *Ce insulte?* îl întreb râzând.

Insulte? Am devenit imun la insulte. M-am obișnuit cu ideea de a fi insultat. De-a lungul anilor am învățat să rezist stresului, să gestionez eșecurile personale și să nu răspund provocărilor malițioase. Cum am reușit asta? Practic am devenit surd la tot ce mi se spune. Am surzit ca după o explozie de proiectil căzut la câțiva metri de mine. Mi-am pierdut și auzul și glasul. În ședințe, nu mai aud cuvinte, ci vad doar buzele oamenilor mișcându-se. Aprob din cap, tăcut... Oamenii par să fie mulțumiți pentru ca îi aprob, chiar dacă spun inepții... O asemenea ignoranță este în același timp comică și înspăimântătoare!

Toate evenimentele din ultima perioadă: demisiile colective, schimbările administrative, mutările sus-jos între etaje mi-au distrus și ultima redută a demnității personale. Am devenit indiferent la tot ceea ce mi se întâmplă.

— *Dacă eram în locul tău, as fi plecat demult!* continuă colegul meu. *De ce nu pleci?*

— *Nu știu...* i-am răspuns meditativ.

Unde să plec? Aceasta e casa mea, în acest loc am murit și am renăscut de nenumărate ori, acest loc este „creația" mea. Mă simt legat de munca mea, mă simt „prizonierul" propriei mele creații.

La finalul zilei de lucru, îmi semnez demisia. Din acest moment, simt că nu mai am nimic de pierdut...

Înapoi în viitor

[Log personal. 8 Martie 2013]

9:00 AM. Cumpărasem flori de ziua femeii să împart colegelor de serviciu, dar amân acțiunea deoarece sunt convocat la o ședință fulger. CEO-ul ne anunță că vom semna un contract de parteneriat cu toate mall-urile din oraș:

— *Pentru a încheia contractul ne trebuie doar o simplă aplicație mobilă. Dar trebuie să o avem gata într-o lună!* spune incantat CEO-ul.

— *Cu tot respectul, mai țineți minte, când acum un an am venit cu aceeași propunere și mi s-a zis că nu e de viitor?*

— *Cu planurile de atunci aplicația nu făcea sens, dar acum face sens!*

— *Păi știți, nu mai avem echipa de mobile care să ne poată face proiectul... Ați uitat că echipa de mobile a fost dizolvată, pentru că a fost considerată cu prioritate mică?*

— *Lasă faptul că nu avem echipă... Ne trebuie o* **viziune***! Uite cum au reușit cei de la Apple,* spune triumfător CEO-ul...

— Sincer, nici Oracolul din Delphi nu ne poate ajuta cu o viziune care să ne salveze! Ceea ce avem nevoie acum nu este o viziune, ci un miracol!

— Găsim noi o soluție...

Povestea cu *găsim noi o soluție* seamănă mai degrabă cu o scenă din filmele ieftine de acțiune, în care eroul principal are nouă vieți și indiferent dacă este călcat de tren sau îi explodează avionul cu care zboară, el găsește cumva o soluție să supraviețuiască... În viața de zi cu zi odată ce avionul explodează nimeni nu mai scapă, iar uneori o singura greșeala în viață, odată făcută, nu mai poate schimba deznodământul fatal decât dacă reușim să ne întoarcem în timp să influențăm trecutul, ca în filmul **Back into the Future**. Același lucru se poate spune și despre situația noastră: suntem în pragul falimentului, nu avem nouă vieți și soarta noastră a fost pecetluită de o decizie luată în trecut (atunci când am decis ca prioritatea aplicațiilor mobile e mică). Nu sunt convins că am putea schimba viitorul nici dacă prin absurd am putea să ne întoarcem în timp folosind mașina timpului ca Dr. Emmett Brown.

Cum s-a ajuns aici? Răspunsul se regăsește într-una dintre discuțiile pe care le purtam cu COO-ul acum un an:

— Conform planului, trebuie să începem dezvoltarea aplicațiilor mobile. Trebuie să începem angajările de pe acum, pentru a putea vedea primele rezultate peste un an sau în cel mai bun caz în câteva luni.

— Ne trebuie acum o echipă de mobile? Nu! Când o să ne tre-buiască o echipa de mobile, vedem noi cum facem... Angajarea unei echipe de mobile are prioritate mică.

(Nu mai reţin câte înjurături i-am adresat COO-ului, dar până la urmă l-am convins să pornim angajările a câţiva dezvoltatori de aplicaţii mobile)

Proiectului de mobile a rămas şi până în ziua de azi cu „priori-tate mică" şi nu am mai apucat niciodată să se finalizeze aşa cum fusese planificat. Echipa de mobile, în loc să se dezvolte, treptat-treptat, s-a dizolvat.

Astăzi, ultimul „pirat" al echipei de mobile a anunţat că îşi va da demisia întrucât primise o ofertă mai bună de la o altă companie. Cum nu am putut să îi fac o contraofertă, pentru că firma nu mai avea bani nici pentru a plăti factura de curent de la aerul condiţio-nat, am fost nevoit să îi accept demisia... Cu alte cuvinte aici se încheie povestea echipei de mobile şi a proiectului pentru Mall-uri, proiect care ar fi putut salva compania.

Lecţia pe care mi-am însuşit-o din această poveste este că în-totdeauna trebuie să fii prevăzător când vine vorba investiţii pe termen lung şi mai ales în oameni. Oamenii, pe termen lung, for-mează competenţe. A dezvolta şi forma o echipă, într-un startup nu este o chestiune de opţiune: vrei sau nu vrei, ci este obligatoriu. Îmi aduc aminte de un citat: Întotdeauna, *începe cu gândul la final* (vezi cartea **The 7 Habits of Highly Effective People** a lui **Stephen**

Covey). Pentru ca să poți beneficia de rezultatele și de performanțele unei echipe ai nevoie să pornești formarea acesteia cu cel puțin un an înainte (vezi fazele prin care trece dezvoltarea unei echipe conform **teoriei lui Tuckman**).

Lansarea silenţioasă

Vânt rece. Neobişnuit de rece pentru mijlocul lui martie. Merg cu capul în pământ răsfoind ştirile din presa sportivă pe telefonul mobil. O maşină aproape mă calcă pe trecerea de pietoni în timp ce citesc o ştire din **The Guardian**: *Rafael Nadal îl zdrobeşte pe Roger Federer în sferturile de finală de la Indian Wells....* Meciul începuse în zorii zilei de 15 Martie, în jurul orei 4:00 am, ora locală, în timp ce lucram la specificaţiile unui nou produs cu care voiam să îmi reîncep cariera de antreprenor. Am adormit înainte să aflu deznodământul meciului, cu specificaţiile de produs în braţe.

Deşi nu dormisem prea mult în acea noapte şi uitasem să îmi pun alarma deşteptătoare, la ora 8:00 eram în picioare şi gata de muncă. Toată noaptea visasem produse. Chiar dacă mă sculasem suficient de devreme, mi-a luat o oră să mă spăl, să mă privesc în oglindă, să îmi repet în gând prezentarea, să visez la nemurirea sufletului, astfel întârziind la şedinţa de prezentare.

— *De ce ai întârziat?* mă întreabă îngrijorat CEO-ul. *Ce s-a întâmplat?*

— *Scuze, am avut o noapte teribilă! Ştii... am mai vorbit una alta cu soţia mea... în ultimul timp nu prea am mai avut timp să vorbim şi am simţit nevoia să discutăm...* mint cu neruşinare. (Ce era să îi spun? Ca am lucrat toata noaptea la un proiect personal și ca am uitat de ședință?)

— *Ok, ia-o ușor, rezolvă-ți lucrurile, nu e nici o grabă cu lansarea!*

(Cum?! Nu e nici o grabă? Astăzi este ziua cea mare a companiei noastre: lansarea produsului pe piață... se vor auzi trâmbițele, vor umple ziarele de știri!)

De două săptămâni cu toții așteptam cu sufletul la gură celebrul anunț de lansare oficială. Luni de zile am fost fugăriți ca iepurii să terminăm produsul mai repede și acum dintr-o dată nu e nici o grabă? Pentru asta m-ați frecat la cap trei luni de zile?

Dacă e să fiu sincer, nimic nu mă mai surprinde. De când mă aflu în companie, nici un plan de Marketing nu a respectat termenele planificate. Mereu lansarea se amână din aceleași motive „tactice" așa cum le spune CEO-ul: inițial nu am dat drumul la campania de comunicare pentru ca produsul nu era „gata" (deși aveam un produs gata de lansare în urmă cu patru luni), când produsul a fost considerat „gata", motivul a fost ca „încă mai sunt lucruri de finisat și dacă îl lansăm așa, ne facem de râs în fața partenerilor" (deși în acel moment nu aveam nici un contract semnat cu vreun partener), când aplicația a fost „finisată", motivația a fost că „suntem prea mici ca să putem atrage parteneri". Astăzi mă aflu pentru a cincea oară în postura de a amână marea lansare a produsului.

Iată cum arată ziua marii noastre lansări, poate cea mai așteptată zi a startup-ului nostru: jumătate din firmă e goală, peste tot e o liniște perfectă cu excepția câtorva clicuri de mouse auzite în surdină. Mă îndrept cu pași lini către biroul **Experților**, parcă sfiindumă să nu fac vreun zgomot care ar putea rupe tăcerea.

Intru în biroul **Experților**. Liniște ca de mormânt. Toata lumea mă ignoră, ca și cum nu aș exista. **Expertul** de Customer Research urmărește înmărmurit pe geam, niște ciori în depărtare rotindu-se în aer. Experta în Marketing Online stă hipnotiză în fața unei poze de pe Facebook, fără să-și miște ochii, mâinile sau să scoată vreun cuvânt. Directorul de la Sales doarme cu capul pe birou, după o noapte lungă de beție. **Expertul** în PR nu se afla la birou, ca de obicei.

Văzând ca nu pot scoate nici un cuvânt de la echipa de **Experți**, mă duc în departamentul de R&D. Imaginați-vă o zi dintr-acelea toride de vară, în care căldura soarelui nu a topit doar asfaltul ci și sufletul oamenilor, iar în acest birou toți par că și-au pierdut cheful de muncă și de viață.

Îndrăznește! Provoacă! Gândește!

[Log personal. 29 Martie 2013]

Ne mutăm birourile din nou... pentru a opta oară. Firma e în colaps financiar, iar această mutare a fost făcută pentru a reduce costurile operaționale. Noile birouri sunt mai înghesuite și mai mici. Experții se luptă pentru locurile de la geam, pentru că e singurul lucru pentru care se mai pot lupta. Nu i-am văzut niciodată pe **Experți** certându-se. În aer plutește o senzație de sfârșit: unii sunt triști ca un mormânt, alții sunt nebuni de veselie.

Această mutare înseamnă începutul sfârșitului nostru. E un semn evident ca nu mai sunt bani pentru a susține costurile companiei. Și ca lucrurile să fie dramatice până la capăt, în toată această poveste, aflu că singurul administrator de sistem, care mai rămăsese neconcediat, fusese forțat astăzi să își dea demisia.

— Păi și cine o să aibă grijă de camera serverelor, de mașinile virtuale, de totul? am întrebat pe inginer de sistem.

— Nu știu! răspunde el detașat. *O să ia foc serverele! Știi ce m-au pus să fac? M-au pus să mut serverele în debara... Îți imaginezi? Unde nu există aer condiționat... Și după ce o să ia foc serverele alea, dacă o să mai scăpați cu viață din incendiu, nu o să mai fie nimeni care să va repună în funcțiune serverele. În această săptămână, din cauza căldurii serverele au căzut de două ori și de fiecare dată am fost aici să le repar. A treia oară, dacă vor pica, nu voi mai fi aici să*

vă ajut. Sunteți pe cont propriu! a fost ultimul avertisment al fostu-lui inginer de sistem.

Tot astăzi, e ultima oară când toți membrii echipelor merg la masă împreună. Mâncăm, dar mâncăm în liniște. Ca să rup tăcerea, am început să țin un discurs:

— *După cum știți cu toții călătoria noastră se oprește aici. În ciuda insuccesului nostru, cred că această experiență a consolidat prietenia noastră. Când v-am angajat, am promis că vom fi mari și am fost convins că vom reuși... Se pare că am greșit... Acum ne con-fruntăm cu un eșec și mă simt responsabil pentru voi. Dacă vă simțiți ca ați eșuat, atunci este vina mea. Îmi pare rău că v-am dus atât de departe pe acest drum mort.*

— *Nu a fost vina ta. Ai făcut ce-ai putut mai bine!* mă încura-jează unul dintre colegii mei.

— *Singurul motiv pentru care m-am alăturat acest startup ai fost tu, nu ideii din spatele lui!* spune un alt coleg de-al meu.

În ciuda eșecului meu profesional, mă simțit cumva mulțumit. Dacă oamenii mă apreciază ca om, tot e un câștig.

Continuăm să mâncăm. Stăm cu ochii plecați în farfurie, fără să mai scoatem o vorbă, ca și cum mâncarea din fața este singurul lu-cru care contează în aceasta clipă. Schimbăm replici doar din priviri. Este o masă a tăcerii. Nu e nevoie de cuvinte. Cu toții știm prin ce am trecut, cu toții gândim același lucruri. Nu ne-a mai rămas nimic de spus. Pentru cei mai mulți aventura se oprește aici.

După masă, mă duc la etajul trei, să revăd încă o dată primul meu birou. În locul lui, e un ghem de cabluri. Scaunele sunt trase într-un colt ca la un mare spectacol. Dezolant! Corpul clădirii arată acum precum un schelet de balenă: în locul birourilor a rămas un imens gol, fără oameni, fără suflet, susținut doar de câțiva pereți de beton și de sticlă...

Pe acei pereți de sticlă încă au rămas următoarele cuvinte scrise: **Dare to. Challenge. Thinking.** (Îndrăznește! Provoacă! Gândeste!)

Mai lipsește: **The End.** (Sfârșitul.)

Noi suntem pirați

[Log personal. 30 Martie 2013]

Povestea unui Startup e asemănătoare cu povestea unor oameni care devin pirați în încercarea de a se îmbogăți fără să ia în considerare pericolele ce îi așteaptă în călătoria lor.

O companie mare se aseamănă cu o flotă marină. In mod simplificat, echipajul unei flote este format din: un amiral care conduce întreaga flotă (așa cum un CEO conduce o companie multinațională sau un holding de companii are un CEO), mai mulți căpitani de nave (echivalentul unor directori executiv/regional manageri care pot fi fie managerii companiilor din grup sau liderii funcționali ai departamentelor dintr-o companie mai mare), un prim ofițer al căpitanului (un director adjunct/senior manager direct raport al unui director funcțional), un ofițer secund (un alt director non-executiv sau senior manager), alți locotenenți comandanți (lideri de echipe, manageri de nivel mediu, etc.), locotenenți (consultant, ingineri seniori), locotenenți secundari (subingineri) și restul echipajului (alți experți din domeniu). O flotă de obicei aparține unor oameni foarte bogați, poate unor regi sau unor nobili de la curtea regelui, care trăiesc departe de pericole, într-un ținut îndepărtat, undeva la țărm jucând crichet/golf (așa cum sunt acționarii/proprietarii companiilor)...

Pe o navă, ordinele se execută printr-un întreg lanț de comandanți, de la ofițerii superiori către ofițerii cu rang mai mic până la cel mai de jos rang (similar ca într-o organizație de tip funcțională), dar poate exista și o ierarhie plată, în sensul că tot echipajul raportează pe linie directă unui singur căpitan (cum se întâmplă în multe startup-uri); o asemenea navă, fără un lanț ferm de comandă, seamănă mai degrabă cu o navă pirat.

Dacă toate flotele sau navele din flotă sunt distruse de inamici, regii rămân fără apărare (fie sunt puși în închisoare, fie sunt decapitați de mulțime așa cum se întâmplă cu unii proprietarii de firme când una sau toate companiile lor dau faliment). Orice marinar sau ofițer are ordinul de a apăra cu orice preț regele (chiar și cu cel al vieții). Dacă însă regele moare, marinarii strigă:

— *Regele a murit! Fiecare pe cont propriu! Scapă cine poate!* (Sau are loc o revoltă și toți marinarii se omoară între ei.)

Regele vizitează uneori flotele de top (așa cum proprietarul companiei își face uneori prezența doar în cadrul companiilor mai profitabile). Acestuia îi place să umble în rândul marinarilor și să le vorbească: *Vom cuceri lumea!* sau pune întrebări: *Dar de ce este marea atât de întinsă? Cât mai e până să cucerim marea?*

Asemenea întrebări fără răspuns apar frecvent din partea acționarilor: *Ce ne lipsește să facem mulți bani?* (care se poate traduce așa: *Cât mai e până să cucerim lumea?*) sau *De ce nu suntem atât de cunoscuți pe piață?* care poate fi reformulată astfel: *De ce marea e atât de mare?!*

Amiralul flotei noastre, fost purtător de cuvânt la curtea regelui, înainte să conducă armata regelui vânduse trabucuri și din aceasta cauză aventura lui pe mare îi dădea ameţeli (CEO-ul F-Startup, fost VP de Marketing și Comunicare la compania de petrol pe care acţionarii noştri o conduceau și fost Director de Marketing al unei companii mari de tutun, nu avea experienţă mai deloc în industria de IT, principala activitate a startup-ului nostru).

Flota F-Startup este compusă dintr-o navă steag (departamentul de cercetare și dezvoltare) și câteva ambarcaţiuni mai mici care arătau mai degrabă a vase de croaziera (departamentele de Sales, Marketing, etc.) ancorate de nava cea mare. La început, nava steag a pornit pe mare fără a avea echipajul complet (angajasem doar câţiva specialişti cu experienţă), iar pe parcursul călătoriei noastre în locul marinarilor lipsă am angajat o echipa de mercenari (subcontractasem de la o companie de outsourcing: programatori, testeri, designeri, arhitecţi și mai târziu de la o alta firmă specialişti în branding și PR).

Porniserăm la drum pe întinsul mărilor albastre cu steagul alb fluturând în vânt. (În acest context, steagul reprezintă simbolic brandul companiei; marea albastră este o aluzie la conceptul de Marketing **Blue Ocean**; vezi povestea unui **Workshop de Brand**). Ne făcusem provizii pentru un an și speram că nu vom fi nevoiţi să ne oprim în nici un port în cursul călătoriei noastre (bugetul companiei F-Startup deși conceput pentru trei ani, s-a dovedit realist doar pentru un singur an; planul era ca după primul an vom putea vinde suficient încât să ne putem menţine operaţiunile din câştigurile proprii).

La scurt timp după ce lansasem nava steag la apă, se porni o furtună teribilă (cu referire la povestea: **Atenție, se fac concedieri!**). Amiralul, care nu mai văzuse furtună pe mare, s-a înfricoșat teribil (lipsa de experiență în IT precum și neînțelegerea ciclului de viață a produselor software s-a dovedit o adevărată provocare pentru CEO). Când s-a potolit furtuna, amiralul, trăind o spaimă cumplită, și-a angajat o echipă de experți de război care să îi țină de urât pe mare (vezi capitolul **Cine sunt Experții?**). Însă ajutoarele amiralului s-au dovedit inutile (și ei fără experiență în domeniu IT), căci altă furtună s-a pornit, iar amiralul tot speriat a rămas. Din momentul angajării ajutoarelor, deciziile amiralului au devenit haotice, iar călătoria noastră s-a transformat într-o adevărată aventură.

În ciuda pericolelor care ne pândeau pe mare, de la furtuni iscate din senin sau atacuri neprovocate ale vaselor inamice, consultanții amiralului priveau misiunea noastră ca pe o călătorie de plăcere pe mare: erau mereu relaxați, veseli, savurau băuturi și mâncăruri fine, se bronzau cât e ziua de lungă (**Experții** noștri nu s-au omorât niciodată prea tare cu munca: stăteau cât e ziua de lungă fie la cafea, fie pe rețele de socializare). Pe vasele de croazieră se dădeau petreceri în continuu și se cântau cântece de vitejie despre ce vom face *când vom cuceri lumea*. Amiralul, văzând cât de bună poate fi viața pe mare, repede s-a mutat și el pe vasele lor de croazieră.

Probabil va întrebați, unde e căpitanul navei principale? Căpitanul, fiind ocupat cu alte treburi pe mare, mereu plecat, îmi lăsase practic conducerea vasului (superiorul meu direct, Directorul Operațional al companiei, care mai avea un alt job în alt oraș, îmi lăsase conducerea într-un moment în care tensiunea dintre departamente era în creștere).

S-a pornit o nouă furtună pe mare. De data aceasta vasele de croaziera au fost complet distruse, iar nava noastră steag a suferit pagube serioase (bugetul pentru departamentele de Sales și Marketing se risipiseră, iar în lipsa unui partener strategic, F-Startup devenise un startup în derivă).

S-a convocat o mare adunare pentru a se stabili pagubele furtunii...

— *Cine a fost vinovat de furtună?* întreabă acuzator amiralul.

— *El e vinovat de furtună!* răspund asistenții amiralului arătând cu degetul către mine.

Discuțiile din board, erau de multe ori la limita prostiei: majoritatea neînțelegerilor între membri din board erau din lipsa neînțelegerii domeniul IT. Multe întrebări erau de genul: *De ce produsul are același design cu cel de brand? Ce înseamnă ciclul de viață al unui produs?* etc.)

— *Amirale, eu cred că trebuie să schimbăm culoarea vasului. Culorile închise mă deprimă...* veni cu o propunere „înțeleaptă" unul din asistenți.

— *Hai să schimbăm culoarea în alb!*

— *Dar, amirale culoarea albastră a fost aleasa de rege! Nu pot să vopsesc acum vasul în alb*, răspund.

Amiralul nervos, trânteşte cu piciorul în podea, bate cu pumnul în catarg:

— *Cine eşti tu să îmi spui cum se conduce un vas? Tinere, am 25 de ani experienţă în slujba regelui! Nu îmi pasă ce spune regele! Vreau nava pictată în alb!* urlă amiralul.

(Majoritatea cerinţelor acţionarilor au fost pur şi simplu ignorate de CEO, iar acest aspect nu numai că a înrăutăţit relaţia dintre CEO şi acţionari dar a pus pe toţi angajaţii într-un conflict de interese cu acţionarii firmei. În şedinţele cu proprietarii se discuta una, iar în şedinţele interne se decidea alta. Vezi capitolul **O zi din viaţa unui Product Manager**).

Peste câteva zile unul din consultanţi veni cu o altă idee: *Hai să schimbăm culoarea navei în alb cu picatele negre. Ultimele studii arată că navele cu picăţele sunt mai puţin atacate de piraţi...*

— *Bravo! E un sfat bun! Aşa vom face!* ordonă amiralul.

(Nu o dată, ci de mai multe ori, CEO-ul a revenit asupra deciziilor sale: schimbările erau la ordinea zilei, dar cel mai rău aspect era că cerinţele deveniseră contradictorii. Mai mult, deciziile CEO-ului ajunseseră să fie luate exclusiv pe baza **Experților** de Marketing și Sales. Vezi povestea **Maestrului Păpușar**.).

În acest timp, pe uscat, departe de mare, în tara regelui se porni o secetă care decimă toate recoltele (Compania mamă pierduse toate contractele importante, dăduse faliment și aproape toți oamenii au fost dați afară). Regele devenise disperat, iar acum își dorea cu orice preț să cucerească noi teritorii ca să își reîntregească bogăția. Nu plouase de câteva luni, iar soarele arzător făcuse prăpăd și în rândul marinarilor. („Arseserăm" aproape toți banii companiei, iar noi în continuare nu reușiserăm să vindem nimic. Unii oameni au fost forțați să își dea demisia, iar unele contracte cu furnizorii de servicii au fost încheiate. Firma intrase în colaps).

Ultima epistolă de la rege suna cam așa:

— *În două luni vreau să cucerim lumea. Vom începe cu Europa!*

Porunca regelui îl puse pe gânduri pe Amiral. Nu mai reușea să doarmă nopțile, privea stelele încontinuu și încerca să găsească o soluție disperată (referire la povestea **Timpuri Noi** care descrie dilemele cu care se confruntă CEO-ul companiei). Încet-încet foametea a decimat echipajul; abia ne mențineam nava la suprafață (Presiunea acționarilor pe buget crescuse. Din lipsa de bani, ne mutaserăm sediul de mai multe ori în spații din ce în ce mai mici, unde aveam doar exact strictul necesar: calculatoare, birouri, câteva scaune la mana a doua, apă, cafea, frigider și electricitate, sala de ședințe).

— *Spune-le oamenilor tăi să muncească mai mult! Ne mișcăm prea încet!* mi se adresa amiralul.

— *Nu avem vânt amirale! Asta e viteza maximă pe care o putem avea!*

— *Mai repede! Vâsliți dacă e necesar! Și spune-le oamenilor tăi să se mai spele. E un miros îngrozitor!*

(Open space-ul în care se mutase departamentul de dezvoltare era neaerisit, geamurile nu puteau fi deschise, iar aerul condiționat nu făcea față. În ciuda condițiilor proaste, departamentul de dezvoltare reușise în doar câteva luni să pună pe picioare primul produs software; în locul laudelor, programatorii au primit pe nedrept apelativul de „nespălați").

Nemulțumirile oamenilor creșteau și ofițerii începuseră să pună la îndoială competența superiorilor (vezi cum a decurs **Marea lansare**). Într-o noapte, unul din marinari în semn de protest tăiase steagul navei și își făcuse uniformă...

— *Asta e revoltă! O să plătiți pentru asta, mișeilor!* se înfurie amiralul.

(Ultimele schimbări pe care le impusese CEO-ul au creat nemulțumiri în rândul angajaților. Erau puțini cei care mai credeau în produsele noastre, iar calitatea muncii scădea pe zi ce trece. În acest timp CEO-ul devenise tiranic, bătea cu pumnul în masă în timpul ședințelor și toate deciziile erau de tipul: *Deoarece așa vreau eu.*)

— *Dacă până mâine nu avem steagul nostru alb sus pe catarg, vă voi arunca pe toți în mare!* ne-a amenințat amiralul.

Când văzu steagul, amiralul îngheță... Peste noapte marinarii revoltați pictaseră nava în negru complet; pânzele erau vopsite și ele în negru, iar steagul alb fusese înlocuit cu unul cu cap de mort. Nava steag, neagră ca smoala, topită de căldura soarelui devenise peste noapte o navă pirat. (Echipele de cercetare și dezvoltare fuseseră porecliți „pirați", deoarece erau considerați insubordonați și sfidători).

Dintr-o dată parcă și apa din jurul corabiei noastre devenise mai roșie. Rechinii au început să ne dea târcoale. Navigam în ape tulburi. (Aluzie la conceptul de Marketing **Red Ocean vs Blue Ocean**. Apăruseră câteva noi startup-uri pe piață, iar produsele noastre se aflau în pericolul de a fi înghițite de concurență înainte ca ele să iasă pe piață).

Amiralul primise un ultimatum de la rege: *Cucerește lumea în două luni sau vei fi decapitat.* Având un echipaj revoltat, un conducător lipsit de inspirație, deciziile care au urmat au fost surprinzătoare: amiralul a renunțat la haina lui cusuta cu fir de aur și s-a îmbrăcat în haine de pirat. La scurt timp și ajutoarele lui îi luară exemplul. Munceam cu toții cot la cot, de la marinari la ofițeri superiori, ca să supraviețuim. Deveniserăm cu toții pirați!

Live Long and Prosper!

[Log personal. 19 Aprilie 2013]

8 dimineața. Cer senin. Aerul pare înghețat. Vântul biciuiește străzile de praf, iar gunoaiele se ridică către cer într-un vârtej amenințător. Oamenii, goniți de vânt, se strecoară printre mașinile parcate pe trotuare și printre tramvaiele blocate în intersecție. Mă cobor la ultima stație de tramvai, acolo unde întorc tramvaiele cu scârțâit de șine metalice. Oamenii, mașinile, tramvaiele îmi par desprinse dintr-o lume post război nuclear, haotică și murdară.

Ajung la serviciu. Jumătate din birouri sunt goale. Ședința de dimineață nu se mai ține. Sunt destul de neliniștit pentru că ni se amână plata salariilor. Toată lumea se plimbă de ici colo negăsindu-și locul. Oamenii abia schimbă o vorbă între ei. Și situația continuă așa până la ora 16:00, când primim un email de la acționari care rupe tăcerea:

Dragi colegi, proprietarii firmei a decis înghețarea operațiunilor F-Startup începând cu 30 aprilie (n.a. adică peste o săptămână). Tot 30 Aprilie va fi și ultima zi de plată... Vom stabili detaliile pentru conservarea aplicațiilor.

Încep telefoanele să sune. Câțiva colegi care citiseră mesajul, dar care însă se aflau în concediu, mă întreabă revoltați:

— Ai auzit de noua veste? Ce rahat mai eși ăsta? Ni se spune că se închide jucăria doar cu o săptămână înainte, așa cum ai pocni din degete? Oamenii ăștia sunt sănătoși la cap? Ce înseamnă conservarea aplicațiilor?

COO-ul dă din umeri și spune că nu a aflat de aceasta decizie decât acum.... Cu multe luni în urma am știut că se va ajunge în acest punct fără de întoarcere, însă tot speram ca momentul fatidic să se mai amâne cel puțin șase luni, timp în care am putea să ne redresăm financiar. Mă întreb de ce acționarii nu au închis firma în urmă cu jumătate de an, când lucrurile erau atât de clare că tot aici vom ajunge. De ce tocmai acum? Acest gând mă revoltă: îmi vine să distrug serverele și să dau foc la totul. Nu îi găsesc vinovați pe acționari, ci pe acei care au avut puterea de a schimba lucrurile în bine și nu au făcut-o. Visele noastre mărețe de a crea ceva unic vor muri aici și acum, odată cu sfârșitul companiei **F-Startup**... Conservarea aplicațiilor este ilogică, întrucât framework-ul cu care au fost dezvoltate este atât de exotic încât nimeni nu ar mai putea reînvia întreaga platforma în lipsa echipei inițiale.

Până și în cele mai pesimiste analize de risc pe care le-aș fi putut face nu aș fi putut anticipa un asemenea deznodământ subit.

Într-o săptămână din acest moment, sunt șomer. Ar trebui să îmi găsesc un loc de munca și asta foarte rapid. Ratele de la banca îmi bat la ușă, soția mea nu lucrează (fiind în concediu de maternitate), am doi copii de crescut și pentru prima oară în viața mea mă simt în pericol și neputincios.

Colegii mei râd. Par eliberați (ori au înnebunit cu totul)! Unii chiar fac glume pe tema falimentului nostru. **Experții** sunt cei mai veseli, pentru că ei sunt la a doua sau a treia concediere, însă pentru mine asta e prima dată când sunt în postura de a fi concediat. Gândul nu mă mai sperie, ci mă revoltă!

Pe pereții firmei strălucește în lumina neoanelor posterul care îl făcusem în urmă cu câteva luni: *To boldly go where no one has gone before* (în română: *Vom merge plini de curaj acolo unde nimeni nu a mai mers vreodată.* Dedicat tuturor celor care au lucrat în **F-Startup**)

Călătoria noastră se oprește aici, forțat... pe unul din pereții biroului meu, m-am hotărât să agat un mesaj de rămas tuturor, așa cum Spock din Star Trek ar spune: *Live long and prosper!*

Epilogul unui startup

[Log personal. 30 Aprilie 2013]

După ce startup-ul nostru îndrăzneț a dat faliment la modul cel mai lamentabil, m-am întrebat: Ce anume a mers rău și ce as fi putut să schimba în șirul de evenimente care au condus la eșec? Falimentul a survenit atât de brusc, încât mulți angajați nu și-au revenit din șoc nici după luni de zile de la eveniment. Toată lumea s-a simțit trasă pe sfoară...

Șocul cel mai mare a provenit din faptul că managementul a invocat motivul falimentului fiind: *[dintr-o dată] am realizat nu mai sunt bani...*

Bineînțeles că nimeni nu a crezut povestea cu *nu mai sunt bani...* Mulți angajați au venit la mine să mă întrebe: *De ce am falimentat?* Însă la momentul respectiv am fost atât de uluit de vestea închiderii companiei, încât nu am putut da nici un răspuns... Iată a venit momentul să răspund acestei întrebări, pe de o parte pentru că am responsabilitatea morală fața de echipa pe care am condus-o și pe de altă parte pentru a aduce un strop de lumină în scurta poveste a startup-ului nostru.

Oare acționarii au fost atât de naivi și nebuni încât și-au lăsat compania pe mana unor manageri incompetenți care au gestionat banii deficitar, iar ei au rămas total dezinformați legat de modul cum se cheltuie banii? Oare a existat vreodată un plan de buget pentru compania noastră?

Lipsa unui plan de buget pare nebunească, dar nu imposibilă (sunt companii care funcționează fără un plan de buget sau cu un plan deficitar, fără să își dea seama că e vreo problemă, decât când e prea târziu). Când compania s-a înființat, am fost prezent la semnarea bugetului F-Startup. E adevărat că a existat un așa zis plan de buget și am participat la conceperea lui, însă m-a surprins forma finală pe care CEO o dăduse documentului de buget și anume un document în Excel cu câteva grafice și estimări grosiere, care nu menționa nici o modalitate de monitorizare și control a costurilor, nu avea precizat nici un indicator de performanță, dar totuși conținea valoarea sumei totale care ar fi acoperit costurile operaționale pentru aproape trei ani. Acționarii, orbiți de ideea proiectului și de faptul că se pot îmbogăți dintr-o investiție relativ mică, au ignorat toate aceste aspecte deficitare ale planului de buget și au aprobat cu ochii închiși investiția.

Așadar, teoretic noi aveam un buget aprobat și chiar dacă era bazat pe un plan simplist era suficient de generos încât să acopere toate costurile de operare pentru o perioadă lungă de timp. Dacă planul de buget nu a fost cauza falimentului atunci care ar fi fost motivul? Singura explicație plauzibilă este că acționarii au oprit investițiile deoarece nu mai aveau încredere în managementul companiei. La fel ca și în cazul falimentului companiei mama, atunci când acționarii și-au dat seama că firma se baza doar pe o serie de contracte dubioase al căror beneficiar era Directorul General, au decis oprirea investițiilor. Oprirea investițiilor nu a avut loc instant. Mai întâi, acționarii au dat un avertisment directorilor companiilor din grup, apoi au cerut renunțarea la contractele neperformante cu furnizorii de servicii externi, apoi au impus reducerea de personal și în ultima instanță au anunțat falimentul. În ciuda presiunii pe care au pus-o acționarii pe optimizarea de costuri, cei din management nu au renunțat, decât foarte târziu, la contractele cu furnizorii externi de servicii.

Ironic este faptul că am fi putut continua să supraviețuim doar renunțând la serviciile consultanților externi, întrucât munca putea fi făcută doar cu personalul intern. Dar din motive încă neclare mie COO-ul s-a opus categoric acestei idei. Sunt două motive plauzibile: fie era indiferent de situație, fie avea un beneficiu de pe urma continuării contractului cu compania de outsourcing). La finalul fiecărei luni îmi treceau prin fața ochilor rapoartele de cost ale companiei de outsourcing și pot spune că nu erau deloc sume neglijabile. Am ezitat să ridic problema acestor costuri mari în fața acționarilor, în primul rând pentru că nu am avut curajul să trec peste autoritatea COO-ului și în al doilea rând pentru că nu am crezut nici o clipă că acționarii ar fi putut fi dezinformați în legătură cu situația reală a costurilor (varianta dezinformării lor nu este totuși exclusă, deoarece în ultimele luni ei nu mai calcaseră pe la birou, iar toate conferințele le țineau de la distanță). Dacă acele contracte cu dezvoltatorii externi ar fi fost încheiate din timp, cred că am mai fi putut supraviețui cel puțin un an, cu o echipă minimală, timp poate suficient cât să scoatem bani din platformă și să ne declarăm profitabili.

Vestea închiderii companiei cred că a șocat pe toți, inclusiv pe CEO-ul F-Startup. Însă ca vestea să fie și mai dură, am fost anunțați chiar cu o zi înainte de a ni se încheia contractele, că nu ni se vor livra nici salariile. Vestea a înfuriat toți angajații, care se aflau acum nu numai în postura de a rămâne fără o slujbă, ci și a rămâne fără nici o compensație pentru ultima lună de muncă. Inițial, cu toții am avut intenția să dam compania în judecată, însă până la urmă am renunțat la idee și fiecare si-a continuat viața.

La final de drum, când ne-am despărțit, am rămas nostalgici după munca pe care o lăsasem în urmă.

[Log final. 30 Aprilie 2013]

Ultimele lecții învățate din **F-Startup**:

- Pentru a reuși întru-un startup nu este necesar numai de idei bune ci și de oameni buni care să susțină ideile.
- Un startup poate reuși doar dacă întreaga organizație are un consens de **viziune** și **valori** comune între toți membri organizației.
- Un startup **nu poate fi condus** eficient de către managerii din marile corporații. Mindset-ul unui corporatist este: *lucrează doar cât e necesar și restul va merge de la sine*, însă într-un startup trebuie să faci mai mult decât este necesar.
- Ca și profesionist, doar într-un startup poți să vezi care e adevărata ta valoare. Un startup este o provocare pentru oricine, indiferent de nivelul de **experiență**!

- Într-un startup, orice cheltuială trebuie să aibă un **business case**: Dacă investești, trebuie să ai un plan care să arate cum vei recupera investiția. Altfel te îndrepți spre un faliment sigur.
- Într-un startup, orice efort trebuie **justificat**: **De ce** este nevoie de acest lucru?
- Startup-ul este pentru oameni care **acceptă riscurile**. Prin asumarea riscurilor, devii curajos. Un startup te poate face neînfricat!
- Într-un startup ai șansa să trăiești clipa de clipa: în fiecare zi poți trece **de la agonie la extaz**!

Pentru mine F-Startup a fost experiența profesională supremă. Aceasta călătorie mi-a dat șansa să îmi depășesc limitele proprii și să fiu mai creativ. Dacă as avea ocazia să repet aceasta experiență, as face-o din nou!

[Sfârșit]

Addendum 1: Cât de importantă e comunicarea

Din punct de vedere teoretic, **Managementul Comunicării** pare a fi cea mai ușoară arie de cunoaștere în managementul de proiecte. De exemplu, în **PMBoK** v4 comunicarea apare descrisă succint doar într-un singur capitol. În realitate, managementul comunicării este piatra de încercare pentru majoritatea managerilor, chiar și a celor cu experiență. De ce este atât de importanta comunicarea? Întrucât 90% din munca unui Manager înseamnă: **comunicare**.

Iată cum arată timpul petrecut al unui manager pe diferitele arii de cunoaștere:

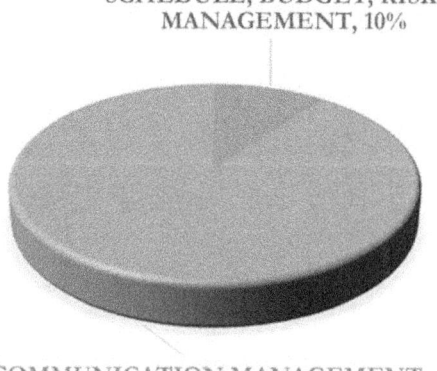

SCHEDULE, BUDGET, RISK ...
MANAGEMENT, 10%

COMMUNICATION MANAGEMENT, 90%

Deși în **PMBoK** v4, comunicarea este descrisă ca o sumă de procese prezente în 4 din cele 5 grupuri de procese ale managementului de proiecte: **inițiere**, **planificare**, **execuție**, **monitorizare/control**, practic este prezentă în toate grupurile de procese, inclusiv în grupul al 5-lea (de **închidere** a proiectului), atunci când predai clientului rezultatul proiectului (produsul/serviciul) și totul se termină cu o petrecere cu echipa în cinstea finalizării proiectului.

Cauza principală a eșecului proiectelor, indiferent de nivelul de management la care ne referim (proiect, program sau portofoliu), este de obicei comunicarea: cineva nu a înțeles obiectivele proiectului, un membrul al echipei nu a înțeles ce are de făcut, un client nu i-au fost îndeplinite nevoile, etc. sunt doar câteva exemple de comunicare deficientă care pot duce la eșecul unui proiect.

Comunicarea are în esență doar 3 componente: **comunicare verbala, non-verbala** și **para linguală**.

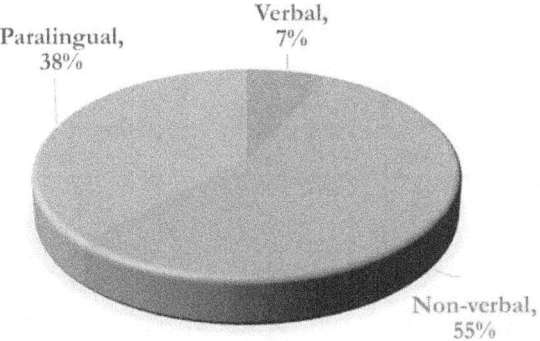

Din nefericire, în majoritatea cărților de Project Management, comunicarea este tratată fugitiv ca un subiect trivial, nesubliniind importanța acesteia în contextul ciclului unui proiect. Primii care au subliniat importanța comunicării în managementul de proiecte au fost fondatorii Agile. De asemenea, companiile care au înțeles valoarea comunicării Agile (Agile este de obicei corelat, deși un pic forțat, de creșterea calității serviciilor oferite către clienți, scăderea costului, creșterea productivității interne) au adoptat mai repede curentul „Agile". Poate de aceea Agile a devenit mai popular decât orice alt framework de dezvoltare. În aceeași idee, PMI a introdus în PMBoK începând cu ediția a 5-a un capitol dedicat Managementului Comunicării, iar apoi alții au inventat un nou concept pe piață: „Agile" Project Management (care spune: nu renunțăm la managementul tradițional, ci îl îmbunătățim prin comunicare „agilă")

Toți cei care lucrează ca Project Manageri (PM), certificați sau nu, cunosc foarte bine teoria din spatele managementului proiectelor: sunt adevărați specialiști în planificare de comunicare, sunt dotați cu un arsenal de teorii, pot face prezentări geniale, însă când vine vorba de comunicare efectivă, cei mai mulți nu reușesc să aibă o relație bună cu nimeni din jur lor (și nici să empatizeze cu cei din jur). Ca o mică paranteză, teoria comunicării este atât de stufoasă și greu de aplicat în practică, încât în viitor, ar putea sa se inventeze un nou rol dedicat în cadrul gestiunii de proiecte și anume: *manager în comunicarea de proiect.*

Comunicarea e punctul slab pentru majoritatea PM-ilor, deoarece a comunica „bine" nu ține întotdeauna de cunoaștere și învățare. De exemplu **comunicarea non-verbala** (gesturi involuntare, ticuri, grimase, etc) este aproape imposibil de controlat.

Comunicarea para linguală și **non-verbala** ne trădează anxietatea, frica, extazul și alte emoții interioare care ne fac uneori simpatici, alteori insuportabili, iar în funcție de fiecare situație, ne apropie sau ne depărtează de a avea o comunicare bună.

Pentru a nu pierde vremea, cu explicarea teoriei din spatele co-municării, voi trece direct la concluziile la care am ajuns experimentând managementul comunicării.

Comunicarea „bună" începe prin a fi fericit

Când doi oameni vorbesc, între ei se creează o legătură emoți-onală. Dacă unul este stresat sau se simte inconfortabil, celălalt va simți acest lucru. În comunicare, indiferent cât se străduiește cineva să își ascundă sentimentele în spatele vorbelor, comunicarea para linguală și non-verbală îl va trăda. Așadar, este foarte important ca înainte de a începe o discuție trebuie să fii într-o formă emoțională bună.

Într-una din zile m-am dus furios la serviciu: eram frustrat din cauza proiectelor mereu întârziate, din cauza lipsei de implicare din partea unor membri ai echipei... În timpul ședinței de Review, m-am enervat, am lovit cu pumnul în masă, am început să critic aspru pe toți. Am fost groaznic. După ce m-am eliberat de toată presiunea interioară, lucrurile au început să meargă și mai prost ca înainte: lumea livra lucruri de o calitate și mai slabă, iar mai mult toți se fereau să mai dea ochii cu mine. Tensiunea a durat câteva zile. Sta-keholderii cheie nu au fost impresionați de măsurile drastice pe care le-am luat, ba dimpotrivă, au început să mi se plângă că *nimic nu merge în firma asta* și că eu sunt unicul responsabil pentru declinul firmei. La un moment dat, fiind epuizat fizic și mental, m-am oprit. Mi-am spus indiferent ce se va întâmpla, nu mă voi tortura în acest fel. Voi sta liniștit imaginându-mi că toate lucrurile merg foarte bine. Mă așteptam ca atitudinea mea pacifistă îi va înfuria pe toți, însă zilele următoare toate problemele s-au rezolvat și toată lumea a plecat cu un zâmbet acasă.

Experiența de a fi nefericit sau fericit, mi-a confirmat faptul că emoțiile pot influenta negativ sau pozitiv rezultatele comunicării. În acea zi în care am ales să fiu fericit, cei cu care am interacționat au fost fericiți. Prin a fi fericit, oferi un confort psihic persoanei cu care vorbești și toată comunicarea devine mult mai facilă.

Am citit într-un articol de psihologie următoarea afirmație: *Fericirea este o alegere!* Această cugetare, este una din cele mai profunde adevăruri pe care le-am auzit vreodată. În lumina acestor lucruri, din acea clipa am ales să fiu fericit. Așadar, o comunicare bună începe cu a fi fericit tu însuți.

Cunoaște-te pe tine însuți

Felul în care te vezi diferă de ceea ce văd alții. Pentru a putea să proiectezi imaginea dorita în ochii altora, trebuie să îți înțelegi limbajul trupului. Iar cea mai bună metoda de a face asta este să te uiți în oglindă în timp ce vorbești.

Într-un experiment, mi-am înregistrat vocea. Am fost uimit cât de neconvingătoare era vocea mea, ba e chiar prea pițigăiată și are un accent ciudat. Asta nu poate fi vocea mea! Mi-am spus. Felul în care ne auzim glasul prin propriile urechi este distorsionat de faptul că sunetul vocii se propaga prin interiorul corpului. Într-un alt experiment, mi-am notat câte negații folosesc în vocabularul zilnic:

„nu pot", „nu știu", „nu fac asta", „nu înțelegi" erau laitmotivul meu. Doar eliminând cuvintele cu sens negativ din vocabular, am remarcat o îmbunătățire semnificativă a comunicării, deoarece oamenii au remarcat: *Te-ai schimbat! Astăzi ești mai bine dispus!*

Care e esența comunicării?

Am căutat mulți ani răspunsul la aceasta întrebare. Singura concluzie la care am ajuns este: comunicarea înseamnă în esență „a oferi", „a da" sau „a împărtăși". „A oferi" poate căpăta multe sensuri de la faptul că ajuți un coleg să reușească, la a cumpăra un mic suvenir șefului tău, la a face o surpriză colegilor care își serbează ziua de naștere, până la a oferi înțelegere, a fi empatic cu oamenii din jur.

Bineînțeles sunt și oameni care folosesc varianta „extinsă" a comunicării prin „a oferi" până la grotesc. Managerii de top au de obicei un buget alocat întâlnirilor de protocol. În afară de o masă plătită, managerii fac schimburi de cadouri scumpe, uneori chiar proprietăți și călătorii în locuri exotice cu escorte incluse... De-a lungul istorie omenirii, multe evenimente importante s-au încheiat într-o atmosferă confortabilă în jurul unei mese bogate și în aburi de alcool; masa pare să creeze un mediu propice comunicării, oamenii devin mai politicoși și mai relaxați (poate un pic cam relaxați după doua trei pahare de vin).

Oferind un serviciu sau un compliment este un mod eficient de a începe o comunicare, dar nu este suficient pentru a o menține. Comunicarea presupune oferirea constantă a unui cuvânt bun, o strângere de mână, un mulțumesc și așa mai departe, dar cel mai „sănătos" mod de a da (de „a oferi") este atunci când o facem necondiționat și binevoitor.

Comunicarea înseamnă mărirea cercului de influență

În cadrul managementul comunicării există două procese cheie care pot influența pozitiv sau negativ succesul unui proiect: identificarea tuturor stakeholderilor și gestiunea așteptărilor stakeholderilor. Una din greșelile pe care le-am făcut de-a lungul timpului, în gestiunea proiectelor, a fost fie faptul că nu am identificat toți stakeholderii, fie am minimizat rolul pe care unii stakeholderi îl pot avea în cadrul unui proiect.

În procesul de identificare al stakeholderilor, se poate folosi o schema ca mai jos:

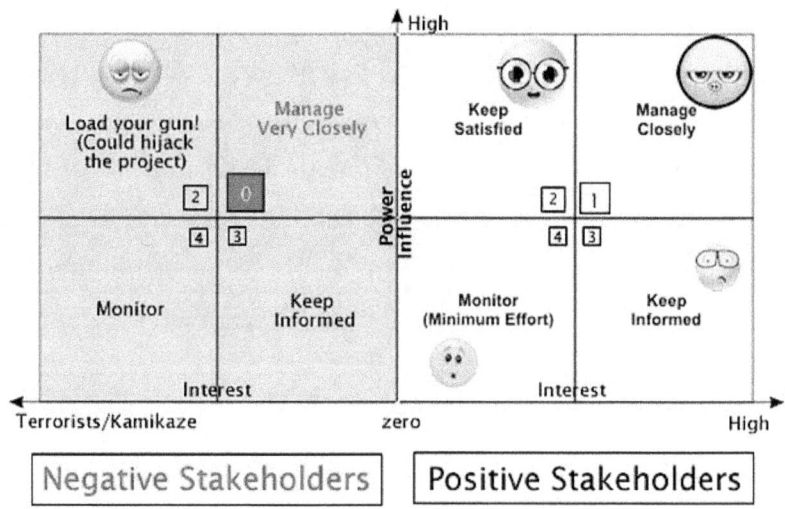

Teoria menționează doi factori cheie pentru a identifica un stakeholder: **puterea de decizie**/influenta și **impactul** pe care îl are proiectul asupra să sau impactul pe care îl are acesta asupra proiectului. În practica, nu sunt suficienți acești factori pentru a identifica toți stakeholderii, mai ales acei stakeholderi „din umbră". Aceștia au o **influenta indirectă** asupra proiectul și/sau **au impact indirect** asupra proiectului sau proiectul are impact indirect asupra lor. Din această categorie de stakeholderi fac parte așa zisi funcționari neînsemnați, prieteni sau apropiați ai stakeholderilor cheie. În aproape toate companiile în care am lucrat, a existat măcar un angajat, care să fie rudă sau prieten apropiat cu cineva din conducere, de la „secretara-amantă" a directorului, până la finii, nașii, soțiile șefului cel mare. Lipsa comunicării cu acești funcționari aparent neînsemnați era să mă coste de câteva ori succesul proiectelor. După ce m-am fript de vreo câteva ori cu asemenea stakeholderi aparent inofensivi, am început să acord o atenție sporita persoanelor care îi pot influenta pe stakeholderii cheie. Așadar mi-am mărit listei stakeholderilor cu toți cunoscuții și prietenii stakeholderilor cheie. Gestionând îndeaproape relația cu stakeholderii „din umbră", m-a ajutat să am o comunicare mai facilă cu stakeholderii cheie.

În legătură cu gestiunea așteptările stakeholderii cheie, nu voi menționa decât un singur aspect pe care foarte mulți îl ignoră: relația PM-ului cu **Sponsorul** proiectului (toată lumea se dă de ceasul morții să satisfacă cerințele proiectului definite de Managerii funcționali și ignoră complet rolul Sponsorului, care de obicei este omul decide soarta proiectului și are bugetul în mana (un Sponsor poate fi un director executiv din top management, aproape invizibil în cadrul proiectului și/sau un director non-executiv cu putere de decizie asupra resurselor). Este esențial de știut cine sunt Sponsorii proiec-tului și în ce măsură vor aceștia să fie informați de statusul proiectelor. Atenție: o relație defectuoasă cu Sponsorilor proiectu-lui, nesatisfacerea așteptărilor lor poate duce la terminarea proiectului sau la concedierea Project Manager-ului!

Cum putem îmbunătăți comunicarea?

Exista un număr impresionant de cărți și articole dedicate me-todelor de îmbunătățire a comunicării, însă nimeni nu a descoperit încă o rețetă „magică" care funcționează pentru toată lumea.

Comunicarea între oameni e dincolo de cuvinte (doar 10% din comunicare se realizează verbal și restul de 90% non-verbală, para lingual). Pentru a îmbunătăți comunicarea non-verbală și para lin-guală e nevoie să știm cum să interpretăm gesturile, ticurilor, mimica fetei, a vocii, etc. De exemplu, unele studii ne învață cum putem interpreta limbajul trupului: cu ajutorul studiilor mișcării ochilor, se poate „citi" când spunem adevărul și când mințim. Iată mai jos semnificația mișcării ochilor:

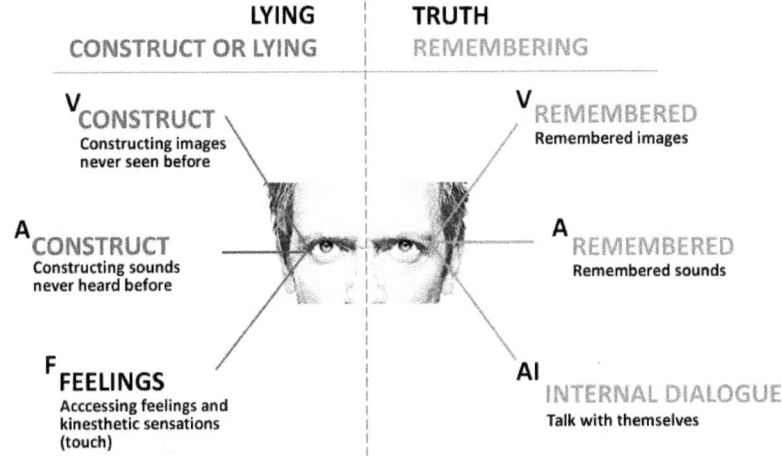

LYING | TRUTH
CONSTRUCT OR LYING | REMEMBERING

V CONSTRUCT
Constructing images
never seen before

V REMEMBERED
Remembered images

A CONSTRUCT
Constructing sounds
never heard before

A REMEMBERED
Remembered sounds

F FEELINGS
Acccessing feelings and
kinesthetic sensations
(touch)

AI INTERNAL DIALOGUE
Talk with themselves

Așadar, o persoana care privește spre stânga ta, e posibil să mintă/să inventeze, dacă privește în dreapta probabil spune adevărul... Aceasta metodă nu este detectorul suprem de minciuni, deoarece unii pot influența rezultatele știind interpretarea mișcării ochilor, dar metoda este un indicator destul de bun asupra mincinoșilor.

Pentru fiecare tip de comunicare (verbală, non-verbală, para linguală) exista tehnici diferite pentru a îmbunătăți comunicarea, totuși, chiar și dacă ai reuși să îți îmbunătățești comunicarea prin învățare, nu este suficient pentru a avea o comunicare bună în orice situație, cu oricine. Motivul principal este că oamenii nu vorbesc predominant folosind același tip de „limbaj". De aceea, împărțirea comunicării în verbal, non-verbal, para lingual nu ne ajuta să înțelegem motivele pentru care oamenii nu se înțeleg între ei. Unii psihologi s-au gândit să categoriseasca comunicarea în mai multe categorii. Ideea de bază rămâne aceeași, doar 10% din limbaj e verbal, iar restul limbajului de 90% este împărțit în alte sub-categorii: vizual (40%), tactil (40%), auditiv și dialog intern (20%).

Se știe că oamenii vorbesc predominant numai un tip de limbaj, ceea ce înseamnă că dacă identifici acel limbaj principal al interlocutorului tău, vei putea comunica mai eficient cu acesta.

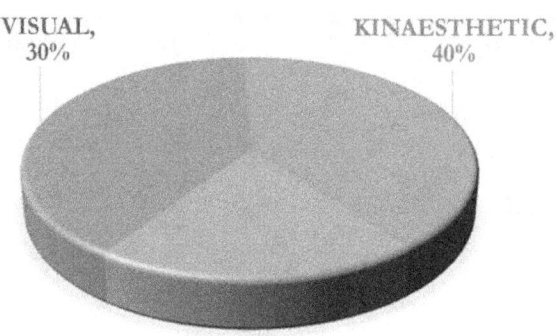

VISUAL, 30%

KINAESTHETIC, 40%

AUDITORY & INTERNAL DIALOGUE, 20%

Tehnici generale de a îmbunătăți comunicarea

Foarte putini oameni aloca suficient timp îmbunătățirii comunicării prin autoeducare. Cei mai mulți vor să își îmbunătățească comunicarea folosind „rețete à la carte". Din păcate, nu există încă o soluție care să ajute în toate situațiile, dar există câteva tehnici despre care pot spune personal le-am experimentat si care au rată de succes mare:

- Întotdeauna **privește în ochi** interlocutorul.

- **Sincronizează-te** cu el la următoarele aspecte: tonalitate, mișcări, clipitul ochilor, poziție, etc. Notă: sincronizarea nu înseamnă neapărat să fii oglinda celui din fața, pentru că va fi mai mult decât evident că îl imiți, ci înseamnă să-l faci pe cel din fața ta să se simtă confortabil. Există și o vorbă: cei care sunt asemenea, se plac!

- **Experimentează** puterea atingerilor tactile. Am citit un articol în care se sublinia importanța „contactului tactil" dintre doua persoane în stabilirea unei comunicări. Subiectul se referea îndeosebi la întâlnirile șefilor de stat. În esență, în întâlnirile președinților, există un complex protocol de comunicare: își strâng mâna, se ating pe umăr, pe costum, etc. Întâlnirile de protocol sunt în avans pregătite, iar nimic nu este întâmplător. Contactul tactil este important nu datorită impactului fizic, ci deoarece atingerile au o puternică conotație în majoritatea culturilor. Nu știu dacă ați observat că o strângere de mână sau atingerea discretă pe umerii unei persoane o face mult mai receptivă (pare că atingerea elimină tensiunile dintre oameni).

Tehnici „neconvenționale" de comunicare

Există experimente care arată cum îți poți controla emoțiile negative sau cum poți influența pe alții la nivel subconștient. Unele studii arată că anumite combinații de cuvinte pot să influențeze modul de gândire prin tehnica **NLP (Neuro Linguistic Programming)**. Mulți consideră NLP o pseudoștiință, dar ea este folosită în continuare cu succes în tratamentele prin hipnoterapie. Eu am experimentat această tehnică din curiozitate întrucât latura esoterică a lucrurilor m-a captivat dintotdeauna. Ce am observat este că **NLP** poate mări impactul cuvintelor și poate influența sensul mesajului. Să pornim de la un simplu dialog:

— *Eşti incredibilă. Este uimitor cate lucruri interesante* **ţi** *i plac* **ţie**... **eu** *am doar o singură pasiune: călătoriile.*

— *Este extraordinar ce* **[tu]** *ai făcut!* **Eu** *te înţeleg* **perfect.**

— *Ai vrea să* **ne** *plimbăm* **împreună** *timp ce vorbim? Este o zi* **minunată***!*

Conform teoriei NLP, frazele de mai sus conţin câteva asocieri de cuvinte: (**ţie**) îţi plac, **tu-eu** (ne înţelegem) **perfect, împreună, minunat**. Cele trei fraze, aparent banale, creează o conexiune empatică între tine şi persoana cu care vorbeşti (prin asocieri: **eu-tu, mie-ţie**, etc. Notă: Legătura este realizată prin utilizarea unor anumite secvenţe şi repetări de cuvinte, dar, de asemenea, pot fi obţinută şi prin accentuarea cuvintelor cheie, modificarea tonului de voce).

Mulţi consideră NLP o tehnică de manipulare şi într-un anume sens aşa şi este, în cazul în care ar funcţiona. Totuşi mă îndoiesc că sunt mulţi acei care pot folosi această tehnică la rang de artă. Chiar dacă tehnica NLP este pseudo-ştiinţifică are la bază o idee validă: oamenii sunt computere biologice, ce-i drept foarte sofisticate, iar asemenea computerelor pot fi reprogramaţi dacă cunoaştem limbajul lor de „programare". Aşa cum arhitecţii sistemelor programabile, lasă portiţe deschise sistemelor lor ca acestea să poată fi ulterior controlate şi îmbunătăţite în timpul duratei lor de funcţionare, de ce nu ar fi lăsat Creatorul Universului o poartă deschisă îmbunătăţirilor oamenilor prin mesaje verbale codificate?

Totul pare desprins din ficțiune, dar nici nu poate fi negat. Poate ca în viitor cercetătorii vor descoperi sunete/mesaje verbale care pot modifica nu doar nivelul de percepție al lumii fizice, ci poate și o metodă de a induce schimbări în ADN-ul uman. La urma urmei se spune că „cuvântul" este la baza creației.

Un exemplu de comunicare reușită în management...

În gestiunea proiectelor, cheia succesului unui proiect reprezintă **satisfacerea așteptărilor stakeholderilor.** Mai simplu spus, managerul de proiect trebuie să aibă o relație bună cu toți oamenii cheie din proiect. Așa cum am menționat mai devreme, nesatisfacerea așteptărilor stakeholderilor (și aici mă refer în special la comunicarea defectuoasă cu stakeholderii) poate duce la eșecul unui proiect, chiar dacă obiectivele proiectelor au fost îndeplinite pe alte planuri: timp, buget, riscuri, etc.

Am participat la un workshop de Agile pe tema *cum să îndeplinim așteptările clienților?*. Se pare că deși aparent există multe soluții la această problemă, care variază în funcție de domeniul de activitate, în funcție de organizarea internă a companiilor, de experiența managerilor, cheia comună a tuturor soluțiilor este una simplă: Clienții vor să aibă **încredere**. PM-ul trebuie să inspire încredere și să demonstreze tuturor că este mereu în controlul proiectului. Iată un exemplu concret:

Un client te întreabă: *Când poți să îmi livrezi produsul?*

Un răspuns ca: „Sincer, **nu știu**" sau „**Cred** că va fi undeva peste șase luni", cel mai probabil, nimeni nu vrea să audă... De asemenea, un răspuns de genul „Produsul va fi **cu siguranță** livrat în exact șase luni" nu este nici el bun, întrucât presupune un risc inutil pentru un manager asumând un deadline inflexibil.

Dar un răspuns precum: „Pe baza istoricului proiectelor anterioare (indicatorii de viteza, lecții învățate) și pe baza complexității proiectului curent, estimez că lansarea produsului va dura între patru și șase luni" toată lumea îl va accepta. Nici un client nu caută cu adevărat un răspuns „exact", ci vrea sa știe că proiectul se află pe mâini sigure. Acest lucru reprezintă un exemplu de comunicare de succes.

Addendum 2: Management prin experimentare

Multă vreme am acceptat ideea că liderii și managerii adevărați sunt predestinați din naștere pentru a conduce... O să auziți spunând: nu ești făcut să fii un manager, managementul este o artă... și numai unii o pot face. De ce ar fi așa? În acest capitol voi combate status quo-ul acestor concepte și voi susține ideea că oricine poate fi un lider sau un manager, dacă își dorește și dacă urmează o serie de pași.

Acum câteva secole nu existau manageri. Oamenii făceau lucrurile să meargă doar prin bună organizare, multă muncă, pasiune și responsabilitate. Cei care reușeau să se evidențieze în rezultatele lor erau și lideri și manageri al muncii lor. În păstrarea acestei tradiții, voi asocia în această carte noțiunea de lider cu cea de manager. Managerii au fost „inventați" de om, iar conceptual de „management modern" a luat amploare doar cu câteva decade în urmă ca urmare a nevoilor societăților de consum. Dacă în trecut leadership-ul și managementul erau considerate o artă de unii, astăzi sunt atât de bine studiate încât au devenit științe sociale și discipline academice. Sunt o sumedenie de școli care scot manageri pe bandă rulantă.

De lungul anilor am observat diferite tipologii de lideri și manageri, însă toți au o trăsătură comună: au apărut dintr-o necesitate. Un lider apare atunci când apare **o nevoie**: nevoia de liberate, de bunăstare, de putere, etc. În același fel, un manager apare când oamenii au nevoie să atingă obiective în cel mai eficient mod. Chiar dacă managementul și leadership-ul se studiază în școli, din nefericire, nici o școală nu te poate învăța „nevoia" mai bine ca viața însăși. De aceea susțin ideea că pentru a deveni un manager și un lider adevărat trebuie sa te folosești de propria experiență.

Când am început să scriu acest jurnal, am realizat că notițele mă ajută să identific lacunele pe care le am în teoria managementului. Mai mult, am observat că tot ce știam eu despre teoria managementului părea greșit într-un startup. Întrebarea naturală a fost: Este teoria corectă? Unde greșesc? Ca să răspund la aceasta, am început să fac tot felul de experimente să văd în ce măsură teoria managementului poate fi aplicată în viața reală. Toate experiențele mele au fost înregistrate într-un caiet și au fost suportul creării unei noi baze de cunoștințe. În acest fel, am descoperit propriul meu fel de a practica management prin experimente, un concept pe care l-am numit mai târziu **Lead by Experimenting (Leadership/Management prin experimentare**), care înseamnă „să devii un lider mai bun prin propria experiență" sau „găsește propriul tău mod de a practica management".

Pentru mine, un experiment nu înseamnă numai să testez dacă teoria se aplică în viața reală, dar de asemenea să definesc propriul meu sistem teoretic care mă ajuta să răspund la întrebări pe care teoria nu le poate răspunde: Cum iau deciziile? Cum pot să îmi îmbunătățesc modul de luare a deciziilor? Cum pot ști importanța deciziilor mele? Ar trebui să experimentez într-o situație critică, chiar dacă acest lucru implică anumite riscuri sau e mai bine să aplic bunele practici din teorie?

Termenul de „decizie" și „experiment" au de obicei sensuri opuse deoarece un experiment implică un **risc** (risc de eșec), pe când o decizie încearcă să minimizeze riscurile (și eventual să evite experimentele). Dar ce înseamnă cu adevărat asumarea unui risc sau a unui eșec? Riscurile există chiar din momentul în care ne-am născut. Fiecare decizie a existenței noastre este un risc (putem decide să conducem mașina un pic mai repede, ceea ce mărește probabilitatea producerii unui accident, decidem drumul în carieră care peste ani se poate dovedi neinspirat, etc.). Dacă în viața reală ne asumăm riscuri fără să știm întotdeauna care este rezultatul, de ce nu am face-o și în management? Opinia mea este că nu sunt decizii greșite sau bune, ci doar rezultate „proaste" sau „bune". Putem spune că o decizie a fost „bună" sau „rea" numai după ce observăm rezultatele. Într-o situație necunoscută, riscul de a avea rezultate bune sau rele are aceeași probabilitate. Cu alte cuvinte, într-o situație nouă, nu avem nimic de pierdut dacă luăm orice decizie, indiferent de rezultat.

O comparație cu șahul

Un jucător profesionist de șah are de analizat milioane de decizii pe secundă. Numărul total al ramificațiilor decizionale în șah este echivalent cu numărul atomilor din Univers. Așadar, șahiștii au mari dileme... Din fericire, managerii nu se confruntă cu milioane de decizii pe secundă, dar șahul poate inspira atât managerii cât și liderii.

Pentru majoritatea oamenilor, șahul este un sport al minții, un sport de logică. Dar chiar și pentru o minte genială poate fi o provocare să ia cele mai bune decizii într-un timp foarte scurt bazându-se doar pe logică (calcule, formule, etc.). Într-un interviu la **@GoogleTalk, Garry Kasparov**, una dintre cele mai mari minți din istoria șahului, explică cum ia decizii în timpul jocului:

— Ca să fii un jucător bun nu este suficient să faci doar mutări bune, ci să știi și cât timp pierzi la fiecare mutare. Și asta nu facem prea des în afaceri! De obicei, timpul petrecut în luarea deciziilor (în afaceri) este proporțional doar cu importanța deciziilor.

Întrebarea rămâne: Cum putem estima cineva importanța deciziilor? Cât de mult timp petrecem pentru a lua cele mai bune decizii? Cum putem să ne îmbunătățim modul de luare a deciziilor?

Răspunsul vine din strategia jocului „blitz" (fulger) așa cu Garry explică:

*— În șah ai următoarele constrângeri: **timp**. Dacă joci un joc blitz trebuie să înțelegi că trebuie să sacrifici **calitatea** deciziilor pentru a nu pierde jocul din cauza timpului. Deci calitatea este un factor care se ajustează pe baza **nevoilor** noastre.*

În cartea, ***How Life Imitates Chess (Cum viața imită șahul)***, Garry descrie viziunea sa despre luarea deciziilor pornind de la idea că șahul și viața au constrângeri similare.

Constrângerile în managementul de proiecte, așa cum este definit în PMBoK, este incredibil de similar cu constrângerile din șah: **constrângerea 1-resursele** (în șah această constrângere poate fi tradusă ca numărul limitat de piese/materialul de joc), **2-timpul** (ceasul de joc), **3-calitatea** (calitatea jocului sau a mutărilor) **4-satisfactia clienților** (*nevoile* jucătorilor), **5-anvergura** (obiectivul jocului de șah: meci amical fără rating, un studio de șah, o problema de mat direct, invers mat, etc.), **6-banii** (la cel mai înalt nivel, șahul necesita un efort financiar considerabil pentru pregătire, campanii de Marketing și Comunicare, cheltuieli de deplasare, etc) și **7-riscurile.**

Ce am găsit interesant în idea lui Kasparov este că el definește **calitatea** în șah o constrângere dependentă de o altă constrângere numită **nevoie.** Exemplu : unii oameni trebuie (sau au nevoie) să ia o decizie rapidă (un chirurg), unii oameni au nevoie de mai mult timp pentru a lua o decizie (exemplu: compararea sau analizaz ADN). Traducerea în termeni de management înseamnă **calitatea** și **nevoile clienților** pot fi dependente. Dacă această dependență de constrângeri ar fi valabilă în toate cazurile, atunci ideea lui Kasparov ar revoluționa felul in care se stabilesc prioritățile și deciziile în management.

Cum putem să menținem sau să creștem „calitatea" deciziilor în timp? Poate că este simplu să iei o decizie bună o dată, de câteva ori la rând, dar oare cat se poate prelungi în timp lanțul deciziilor bune? Răspunsul la această întrebare se găsește tot în șah, unde întrebarea se pune așa: cum poate un campion de șah să își mențină nivelul înalt de joc un timp îndelungat? Conform lui Garry Kasparov, cheia păstrării deciziilor bune în timp este de a nu te feri de a lua decizii, chiar dacă se dovedesc a fi greșite:

— *Dacă nu facem greșeli, suntem morți! În afaceri și în viață încercăm să reducem sau să limitam șansa ca să facem greșeli. Dar greșelile sunt parte ale procesului de gândire. Trebuie să fii al naibii de sigur că la un anumit moment vei eșua! Trebuie să recunoști inevitabilul. Te va ajuta să accepți eșecul și să îți construiești un nivel mai bun al încrederii pentru a lua decizii mai bune viitoare.*

La cel mai înalt nivel în șah, logica (prioritizare constrângerilor) nu mai pot face diferența între marii campioni, întrucât ambii jucători au o capacitate identică de analiză, viteza de luare a deciziilor similară, iar singura diferență o poate face așa numita intuiție, instinctul (bazat pe experiența câștigată în urma eșecurilor și a succeselor anterioare).

Experimentează!

Exemplul cu șahul a fost un preambul al introducerii conceptului Management prin experimentare („Lead by Experiment"). Managementul și Leadership-ul sunt jocuri ale deciziilor (regulile de joc sunt date de importanța constrângerilor). Ca și jocul de șah, deciziilor in management nu se bazează numai pe logică, ci și pe experiențele personale și experimente. Logica este începutul înțelepciunii, nu și sfârșitul!

Într-o situație anume, decizia poate fi luată folosind următorii pași: pe baza de logică (calcule, predicții, analize, etc.), dacă logica nu poate fi îndeajuns pentru a lua o decizie atunci aplicăm cunoștințele experiențelor anterioare (experiența proprie sau colectivă), iar dacă nici experiența anterioară nu este relevantă, atunci apelăm la experimentare. Deci, până la urmă, ca să putem lua decizii mai bune în viitor, trebuie să avem o **baza de experiențe** în trecut. Fără o experiență anterioară, toate deciziile vor fi experimente, ceea ce nu e neapărat rău. Mulți oameni se feresc de a experimenta, de frica eșecului, însă fără temei, căci așa cum spune Garry Kasparov „greșeala e parte a procesului de gândire" (n.a. și implicit parte a procesului de decizie).

Management prin experiment este o filozofie mai degrabă decât o teorie și se definește prin următoarele:

- **Experimentul este cheia deciziilor ulterioare**. Periodic încearcă să testezi noi concepte. Nu lăsa nici o zi fără a încerca sau a gândi ceva nou!
- **Păstrează evidența** acțiunilor, rezultatelor și a interpretărilor acțiunilor. Lecțiile învățate trebuie adunate în fiecare zi.
- **Testează** dacă teoria și conceptele pe care le știi sunt adevărate pentru tine. Teoria a fost făcută pentru a fi îmbunătățită cu excepții. Definește propriile tale excepții sau redefinește teoria dacă e nevoie.
- **Nu presupune nimic ca adevărat**, decât dacă l-ai probat și are sens pentru tine.

- **Deciziile sunt o bază de date** de perechi cheie-valoare formată din „experiment-rezultate". Cu cât mai mare e baza de cunoștințe, cu atât este mai mare probabilitatea luării deciziilor cu rezultate bune. Experiențele anterioare îmbunătățesc șansa unui viitor mai bun! Într-un sens metaforic, tot ce știm și tot ce vom face, este cunoscut numai trecutului.

- **Deciziile urmează întotdeauna un drum logic**: mai întâi se încearcă luarea unei decizii folosind lucruri certe (rezultate empirice, calcule, formule, logică pură), apoi se încearcă experiențele anterioare și în final experimentează ceva nou, oricare ar fi rezultatul.

- Pornește cu cele mai puțin riscante experimente. Un experiment mai puțin riscant înseamnă un experiment care are probabilitatea de a avea un rezultat pozitiv. Se poate alege un experiment mai puțin riscant folosind o metoda măsurabilă cum ar fi arborele de câștig monetar din metoda **Earn Monetary Value** (alegând ramura care are probabilitate de pierderi cât mai mici).

- Frica de greșeli este cea mai neproductiva frica. **A face greșeli este parte din procesul de luare a deciziilor.** Experimente vei face cât vei trai, așa că nu te teme de nimic!

Ca o notă finală a acestei cărți, sper ca fiecare să încerce să își definească propriul său mod de a practica management folosindu-se de experiențele proprii.

[Log suplimentar. 25 Octombrie 2012]

Conflictele mele anterioare cu stakeholderii cheie din timpul ședințelor de prioritizare m-au făcut să îmi re-evaluez modul în care decid prioritățile. Oamenii se simt inconfortabil atunci când calculez prioritățile proiectului după formule matematice. Fie probabil nu au încredere în metodele mele, fie probabil nu înțeleg interpretarea rezultatelor. Sunt forțat să folosesc alte metode de prioritizare și ca urmare am ales un model experimental: *Modelul Kano*, creat de prof. *Noriaki Kano*. Acest model l-am descoperit-o acum un an, când am participat la un workshop de Agile.

Modelul Kano oferă o metodă de prioritizare a funcționalităților produsului bazându-se pe nivelul de satisfacere al consumatorilor. În ciuda faptului că modelul este raportat doar la răspunsurile emoționale ale stakeholderilor, prezice destul de bine comportamentul lor pe piața reală. Pentru mine acest model oferă o interpretare logică a alegerilor ilogice (se mulează perfect pe felul în care se iau deciziile în **F-Startup**), dar de asemenea poate fi aplicat și pentru alte domenii cum ar fi în Marketing: selecționarea celei mai bune strategii în funcție de trendurile de piață.

Modelul Kano este un chestionar realizat cu un grup de max. 20-30 oameni. Pentru fiecare funcționalitate pe care o analizezi, trebuie să întrebi participanții două întrebări:

- **O întrebare funcțională:** Cum te-ai **simți** dacă funcționalitatea ar fi **prezentă**?

- **O întrebare disfuncțională:** Cum te-ai **simți** dacă funcționalitatea **nu ar fi prezentă**?

Remarcabil în aceste întrebări este accentul pe cuvântul: „a simți", care implică un răspuns emoțional. Chestionarul limitează răspunsurile posibile la doar cinci răspunsuri predefinite: **1. Îmi place** (Like) (Îmi place așa cum este), **2. Mă aștept să existe** (Expect), **3. Neutru** (Nu știu), **4. Mă împac cu idea** (Live with), **5. Nu îmi place** (Dislike).

Pentru fiecare din cele două întrebări putem construi următoarea matrice:

		How do you feel if a feature is absent?				
	Customer Response	Like	Expect	Neutral	Live with	Dislike
How do you feel if a feature is present?	Like	Q	E	E	E	L
	Expect	R	I	I	I	M
	Neutral	R	I	I	I	M
	Live with	R	I	I	I	M
	Dislike	R	R	R	R	Q

Legend	M=MUST HAVE	R = REVERSE
	E = EXCITER	Q = QUESTIONABLE
	L = LINEAR	I = INDIFFERENT

Conform matricei de mai sus, fiecare funcționalitate se poate încadra într-una din următoarele categorii: de tip **E-Exciter** (încântător), **L-Linear** (performantă), sunt **M-Mandatory** (necesar să existe), **I-Indifferent** (dacă îi lasă indiferenți pe utilizatori, mai bine nu o implementezi), **Q-Questionable** (funcționalitatea este interpretabilă, probabil trebuie lămuriri asupra ei), **R-Reverse** (mai bine nu o implementați, pentru că ar putea să aibă un efect opus celui dorit).

O interpretare a modelului Kano folosind culori

Cele șase componente (M, E, L, R, Q, I) din matricea Kano poate fi reprezentată într-un astfel de grafic (vedeți numerele 1, 2, 3 din figura de mai jos reprezentând ordinea implementării)

Axa X reprezintă răspunsul la întrebarea disfuncțională, iar axa Y răspunsul la întrebarea funcțională (graficul de mai sus este o interpretare proprie a modelul Kano). Zonele care ne interesează sunt cea albastră, verde sau roșie. Funcționalitățile aflate oriunde altundeva, în afara acestor trei zone colorate, e foarte probabil să nu facă prea mulți clienți fericiți... După cum se vede în figura, fericirea consumatorilor crește atunci când avem funcționalități de tip E-Exciter sau Linear-L (din zonele non-gri; dacă aveți discromatopsie, codul colorilor este următorul: zona 1 = roșu la dreapta, 2 = albastru, la dreapta sus, 3=verde sus-mijloc).

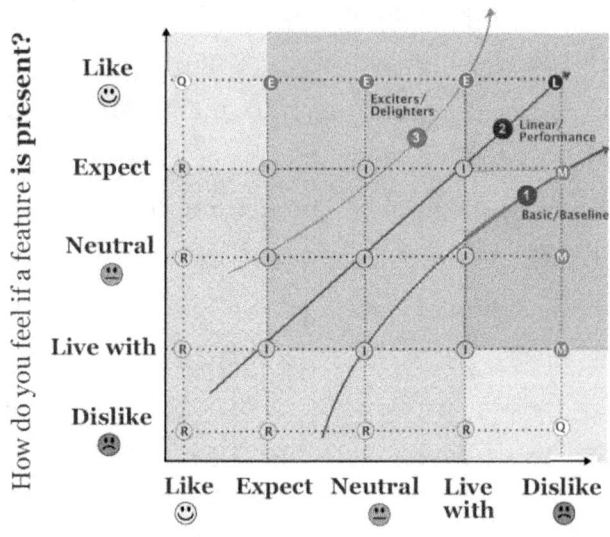

How do you feel if a feature is present?

How do you feel if a feature is absent?

Un mic experiment

Am făcut un test să vad felul cum oamenii reacționează la acest model. Să spunem că avem următoarele 3 sub-proiecte pe care vrem să le dezvoltăm dar nu ne putem decide pe care anume le vom face sau in ce ordine: 1-*o aplicație pentru smartphone-uri* pe care o folosești pentru amuzament în timpul liber, 2-un *modul de configurare* a tuturor electronicelor din casă, mașină totul dintr-un singur punct de comandă, 3-un *modul de teleportare* care ne-ar ajuta să ajungem instant pe alte planete. Un grup de 24 de oameni au răspuns la întrebările funcționale și disfuncționale in felul următor:

#Answers	E = Exciters (Delighters)	L = Linear (Performance)	M = Mandatory (Baseline)	I = Indiferent	R = Reverse	Q = Questionable
Teleportation	14		6	1		3
Native Mobile App	1	13	7	3		
Configuration Module		1	20	3		

Conform rezultatelor, majoritatea oamenilor considera „tele-portarea" un tip de funcționalitate E-Exciter (ceea ce era de așteptat). „Aplicația mobilă" este L-Linear/Performance (chiar dacă este un capriciu, ea poate mari semnificativ satisfacerea consuma-torilor) și „Modulul de configurare" care este un tip M-MUST.

În teorie, prioritizare folosind Kano se poate folosi optim în fe-lul următor: întotdeauna începi cu funcționalități „M", apoi cu cele „L-Linear" și la sfârșit cu cele „E-Exciters" (Exciters au cea mai mica prioritate). În rest I, Q, R nu ar trebui implementate deloc sau ne-cesită o re-evaluarea a lor! Totuși în practică, dacă implementăm în aceasta ordine mereu: 1-M, 2-L, 3-E în multe cazuri „E-type" va fi de cele mai multe ori eliminată, fiind ultima din coada de așteptare. Dacă toți Product Managerii ar urma acest model, am fi condam-nați, deoarece fără funcționalitățile de tip „Exciter" nu am mai avea inovație... Măsura în care managerii combină aceste funcționalități: M, L, E constituie granița dintre succes și eșec.

O interpretarea personală a relației dintre modelul Kano și produsele bune

Produsele **bune** încep atunci când funcționalitățile de baza (M) sunt combinate armonios cu funcționalitățile de tip L. Produsele **excepționale** încep în zona albastră (spre dreapta sus). Cu cât mai multe funcționalități L, cu atât mai bun produsul. Dacă exista un produs cu multe tipuri de funcționalități (E, L, M), este întotdeauna bine să avem o dispersie mediană a funcționalităților în zona albastră. Se poate obține această mediană în jurul zonei albastre fie dacă ai un număr relativ egal de funcționalități E, M și L, fie dacă ai un număr mai mare de tip L (de aceea L-Linear sunt importante).

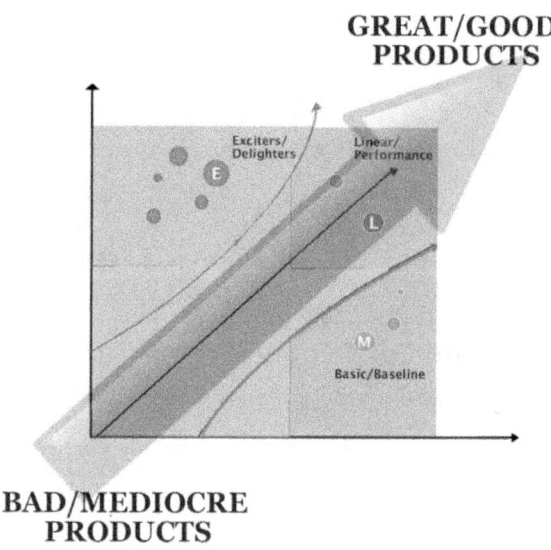

Calitatea execuției

Până acum, în interpretările pe care le-am dat modelului Kano, am presupus că funcționalitățile sunt perfect implementate, de o calitate ideală. Însă în modelul original Kano, axa-X ține cont de calitatea execuției/serviciului oferit. Dacă ținem cont de calitatea execuției în Modelul Kano, iată cum evoluează satisfacția clienților:

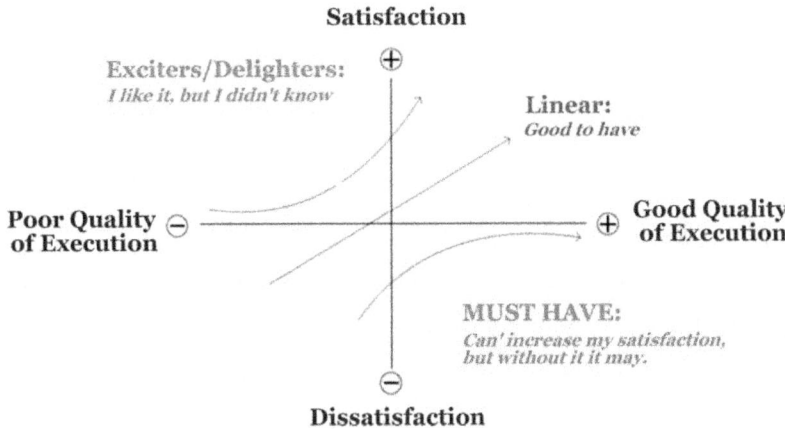

După cum se vede, funcționalitățile de tip E cresc exponențial „Satisfacția" clientului în funcție de execuție. Însă ce se întâmplă, cu o funcționalitate de tip **E-Exciter** inovatoare, dar cu o calitate scăzută? Dacă calitatea e scăzută, atunci indiferent cât de geniala este funcționalitatea, aceasta va fi catalogată ca o funcționalitate mediocră. De aceea, nu este suficient de a avea idei bune, ci să ai și o execuție excepțională. Funcționalitățile de tip L-Linear sunt cele mai afectate de calitatea execuției, iar o execuție defectuoasă poate cauza chiar pierderea clienților.

Trebuie remarcat că funcționalitățile de tip M (Must Have/Mandatory) măresc satisfacerea clienților până la un anumit nivel, apoi indiferent cât este de bună calitatea, satisfacerea clienți-lor rămâne aproximativ aceeași (un nivel de „platou" este atins; așa cum se întâmplă cu neuronii și fibrele musculare: dacă un anumit stimul prag e atins, răspunsul e același, indiferent cât de mult se mărește stimulul – legea totul sau nimic). De asemenea, trebuie re-marcat că funcționalitățile M aduc în cel mai bun caz o satisfacere moderată a consumatorilor (indiferent de calitate); am putea spune că funcționalitățile M aduc mediocritate: consumatorii nu sunt nici foarte fericiți, nici foarte suparăți.

Cat de importante sunt elementele de tip E-Exciter?

Elementele de tip E sunt fie produse sau funcționalități inova-toare, fie strategii geniale de Marketing. Pentru un startup, elementele de tip E-Exciters pot fi vitale. De ce sunt vitale? De exemplu, unul din motivele pentru care **F-Startup** a eșuat a fost și faptul că nu s-au înțeles importanța elementelor de tip E (nu am alocat suficiente resurse și timp pentru a obține o calitate înaltă a elementelor inovatoare). Un alt exemplu sunt startup-urile care nu aduc nici un element inovator, iar în contextul foametei de inovare de pe piață, aceste companii sunt ca niște mici peștișori în oceanul albastru care mai devreme sau mai târziu vor fi înghițiți de niște pești mai mari. Un startup care nu inovează, nu supraviețuiește. O regulă de bază pentru toate startup-urile trebuie să fie: toate produ-sele de tip **E-Exciters** trebuie să fie executate la nivel de artă. Ar fi păcat ca un startup cu o idea bună, dar cu o calitate de implemen-tare scăzută să eșueze (**calitatea**, prin definiție, reprezintă gradul în care produsele oferite îndeplinesc cerințele inițiale, adică a crite-riilor de acceptanță). Practic dacă o companie nu pune suficient de mult efort în implementarea unor idei revoluționare, merită premiul pentru *cel mai bun produs falimentat de idioți.*

E-Exciters (vezi zona verde de mai jos) joacă un rol major în teoria „Crossing the Chasm" (n.a. tradus ca „trecerea prăpastiei"). Pentru un startup să sară peste prăpastie (cea care face diferența între existență și inexistență) este necesar un număr „critic" de consumatori care adopta produsul (iar primii care fac asta sunt de obicei cei entuziasmați care adoră produsele de tip **E-Exciters**). Majoritatea startup-urilor sunt oprite din evoluție, chiar înainte de a sări peste „prăpastie", deoarece fie nu au produse inovatoare, fie calitatea produselor inovatoare nu atrag un număr suficient de mare de consumatori (o masă critică) și ca urmare dau faliment.

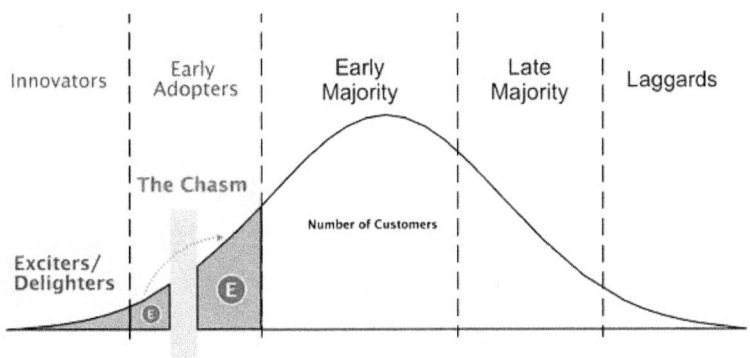

Pro și contra Kano

Modelul Kano are multe interpretări utile, însă construcția lui necesită un efort mărit de a colecta toate informațiile. Dacă chestionarul ar dura o oră pentru fiecare consumator și ai nevoie de cel puțin 20 de oameni in studiu și mai pui la socoteală timpul dedicat centralizării și analizei informațiilor, procesul ar putea dura câteva săptămâni. Pentru un produs mare, hai să spunem că e timp bine investit, dat, pentru un produs mic este puțin probabil că vei avea luxul să petreci timpul pe analize Kano.

Să presupunem că ai timp de Kano, faci analizele cu grafice frumoase, implementezi totul ca la carte și cu toate acestea produsul nu are succes sau consumatorii finali îl considera un produs slab. Ce vei face? Modelul Kano nu iți spune de ce a eșuat... Poate fi din cauza că consumatorii nu au luat în serios chestionarul sau poate că participanții la chestionar nu au reprezentat publicul țintă sau pentru specificațiile nu au fost înțelese, etc. Cu alte cuvinte, modelul Kano nu poate spune de ce produsul e „prost" sau ce ar trebui să schimbi să îl faci mai bun, dar poate oferi niște reguli pentru a evita anumite greșeli.

Din acest experiment, am învățat câteva **lecții**:

- Fii moderat în orice faci (nu supraestima funcționalitățile de tip „E-Exciter", nu subestima funcționalitățile de tip M-Mandatory).
- Ai un număr echilibrat de funcționalități L-Linear, M-Mandatory și E-Exciters.

- Un startup trebuie să aibă întotdeauna un număr minim de elemente de noutate (de tip E), implementate cu cea mai bună calitate posibila. Numărul minim de funcționalități de tip inovatoare depinde de numărul potențial al consumatorilor de pe piață care le-ar adopta primii (acei Early Adopters).

- Orice funcționalitate din interiorul zonelor „gri" (de tip „Q-Questionable", „R-Reverse" sau „I-Indifferent") este îndoielnică.

- Un produs care are majoritatea funcționalităților sunt „Q-Questionable", „R-Reverse" sau „I-Indifferent", poate fi și revoluționar. Cum este posibil? Deoarece funcționalitățile de tip „Q-Questionable" de către un alt segment de piață pot fi considerate „E-Exciters". Exemplu: Gândiți-vă cum ar reacționa un om din evul mediu în fața unui iPhone? Probabil ar spune: *Nu îmi place, este opera diavolului!*, dar peste câteva secole același om ar spune: *Îl iubesc! Mulțumesc Steve!*. Deci, modelul Kano este bazat pe un răspuns subiectiv și nu este întotdeauna de încredere, deoarece oamenii nu știu întotdeauna ce vor (Steve Jobs spunea *Este foarte greu să creezi un produs folosind un focus grup. De multe ori, oamenii nu știu ceea ce vor decât abia după ce le arăți.*).

- Modelul Kano oferă o interpretare logică a alegerilor ilogice.

Capitole recomandate: **Prioritățile, o alegere logică!**

Despre autor

ThePMJournal reprezintă comunitatea online *www.thepmjour-nal.com*. Autorul acestui jurnal are un background în Automatizări și Calculatoare, Matematică, deține certificare Project Manager Professional de la PMI și certificare CSPO de la Scrum Alliance. Principalul punct de interes al autorului sunt lansarea startup-urilor software. În ziua de azi, autorul lucrează în dezvoltarea de produse software și la identificarea unor metode si procese de dezvoltare mai eficiente bazate pe conceptul *Lead by Experimenting.*

.

Referințe

PMI, 2012, Guide to the Project Management Body of Knowledge, 5th Ed.

RMC Publications, 2011, Rita Mulcahy's PMP® Exam Prep

280 Group Press, 2010, Greg Cohen, Agile Excellence for Product Managers

Penguin Group, 2009, Simon Sinek, Start with Why

Garry Kasparov, 2007, How Life Imitates Chess

Interview @Google Talks with Garry Kasparov, 2010

Notează idei, experiențe

Data ....

Notează idei, experiențe

Data ....

Notează idei, experiențe

Data ....

....
....
....
....
....
....
....
....
....
....
....
....
....
....
....
....
....
....
....
....
....
....
....
....
....
....
....
....
....
....
....
....
....
....

Notează idei, experiențe

Data . . . .

Notează idei, experiențe

Data ....

Notează idei, experiențe

Data ....

Notează idei, experiențe

Data ....

Notează idei, experiențe

Data ....

Notează idei, experiențe

Data . . . .

. . . .
. . . .
. . . .
. . . .
. . . .
. . . .
. . . .
. . . .
. . . .
. . . .
. . . .
. . . .
. . . .
. . . .
. . . .
. . . .
. . . .
. . . .
. . . .
. . . .
. . . .
. . . .
. . . .
. . . .
. . . .
. . . .
. . . .
. . . .
. . . .
. . . .
. . . .
. . . .
. . . .
. . . .
. . . .
. . . .
. . . .

www.ingramcontent.com/pod-product-compliance
Lightning Source LLC
Chambersburg PA
CBHW051653170526
45167CB00001B/445